Südasien

Klausur- und Abiturtraining

TERRA

Wilfried Korby
Norbert von der Ruhren

Ernst Klett Verlag
Stuttgart · Leipzig

1 Festigen Sie Ihr Wissen

1.1 Der Naturraum – Potenzial und Hemmnis

Alluvialebene (Schwemmlandebene): durch Anschwemmung entstandene Ebene in Niederungen, Tälern und an der Küste; Alluvialebenen bestehen in der Regel aus Fluss- oder Meeressedimenten; Beispiele: Gangestiefland, Koromandelküste.

Dekkan (Deccan): Bezeichnung für den südlichen Teil des Indischen Subkontinents; der Dekkan wird im Norden von der Indus-Ganges-Ebene, im Westen vom Arabischen Meer und im Osten vom Golf von Bengalen begrenzt; als Dekkan-Plateau (Hochland von Dekkan) wird im engeren Sinne das zentrale 500 bis 1 300 m hohe Tafelland des Dekkan bezeichnet.

Faltengebirge: Gebirgsformation, die durch Auffaltung und Hebung von Sedimenten – vornehmlich im Tertiär – entstanden ist; Beispiel Himalaya, Alpen.

Fremdlingsfluss: Bezeichnung für einen Fluss, der aus einem niederschlagsreichen Gebiet kommt und durch ein Trockengebiet fließt; sein Wasser entstammt also aus einer „fremden", d. h. humiden Region, Beispiel: Indus, Nil.

Grundgebirge: die aus älteren Gesteinen bestehenden Gebirgskomplexe; sie bilden den Grundstock der Kontinente und wurden vielfach durch gebirgsbildende Prozesse aus ihrer ursprünglichen Lage gebracht.

ITC (Innertropische Konvergenzzone): Bereich der äquatorialen Tiefdruckrinne, in dem die Passate der Nord- und Südhalbkugel zusammenkommen (konvergieren); die ITC verlagert sich jahreszeitlich mit dem Sonnenstand nach Norden bzw. nach Süden.

Monsun: großräumige Luftzirkulation der unteren Troposphäre im Gebiet der Tropen und Subtropen; besonders ausgeprägt ist der Monsun in Süd- und Südostasien; das charakteristische Kennzeichen des Monsuns ist der halbjährige Richtungswechsel der Winde, verursacht durch die jahreszeitliche Verschiebung der Windsysteme und den jahreszeitlichen Wechsel der Luftdruckverhältnisse.

Passate: Winde, die aus den subtropischen Hochdruckgürteln zur äquatorialen Tiefdruckrinne wehen; unterschieden wird zwischen dem Nordostpassat auf der nördlichen und dem Südostpassat auf der südlichen Halbkugel.

Planetarische Zirkulation (Atmosphärische Zirkulation): typische großräumige Anordnung der Luftströme in der Lufthülle der Erde; sie wird hervorgerufen durch die global unterschiedlich eingestrahlte Sonnenenergie, die wiederum zu einem weltweiten Austausch von Luftmassen führt.

Plattentektonik: Theorie über den Krustenbau der Erde sowie die Entwicklung der Kontinente und Ozeane; der Theorie zufolge besteht die Erdkruste aus Platten, die sich auf dem oberen zähflüssigen Teil des Erdmantels verschieben.

Regur: schwarzer, tonreicher und fruchtbarer Boden in Indien; Regure sind für den Baumwollanbau besonders gut geeignet und werden deshalb auch als „black cotton soils" bezeichnet.

Subkontinent: Bezeichnung für einen großen zusammenhängenden Teil eines Kontinents, der topographisch klar abgegrenzt wird und somit eine Einheit bildet; im allgemeinen Sprachgebrauch ist damit der Indische Subkontinent gemeint.

Tsunami: (japanisch = Hafenwelle), besonders hohe Welle, die in Häfen und Buchten verheerende Schäden anrichten kann; Tsunamis werden hervorgerufen durch starke Erdbeben unter dem Ozeanboden, bei denen es zu vertikalen Verschiebungen des Meeresbodens kommt; Voraussetzung ist eine Stärke des Erdbebens von mindestens 7 auf der Richterskala.

Variabilität der Niederschläge: Schwankungen der Niederschläge in der Menge sowie der zeitlichen und räumlichen Verteilung.

Tektonische Baueinheiten und Großlandschaften

Der südasiatische **Subkontinent** besteht aus drei großen geologisch-morphologischen Baueinheiten:

1. Der **Dekkan** ist der älteste Teil des Subkontinents. Er ist ein tektonisch mehrfach gegliedertes **Grundgebirge**, mit Plateau- und Beckenlandschaften in einer Höhenlage zwischen 500 m im zentralen Teil und 1 000 bis 1 300 m im Westen. Zertalt wird er von mehreren Strömen, wie Narmada, Godavari oder Krishna. Aus Brüchen drangen vulkanische Laven und Aschen an die Oberfläche, wo sie mächtige Decken mit z. T. fruchtbaren Böden (**Regur**) bildeten, die – trotz der Regenarmut – kaum Bewässerung benötigen und dennoch einen ertragreichen Ackerbau ermöglichen. Im östlichen und südlichen Dekkan herrschen hingegen rote und gelbe tropische Lehmböden vor, die aufgrund von Aluminium- und Eisenoxydanreicherungen stark verkrusten und wenig fruchtbar sind. Ackerbau ist außerhalb der Flussniederung hier nur mit künstlicher Bewässerung durch **Tanks** (S. 10) oder Tiefbrunnen möglich.

   Zum Dekkan zählen auch die gegen das Tiefland im Westen und Osten abfallenden Schollenränder, die **West- und Ostghats** (Ghat = Stufe, Böschung).

   Ein **alluvialer Küstensaum** rahmt im Westen und Osten den Dekkan ein. An der Ostküste ist er, besonders im Bereich der Flussdeltas, stark verbreitet und bietet mit seinen Schwemmlandböden ausgezeichnete Voraussetzungen für einen ertragreichen Ackerbau.
2. Das **Himalaya-Gebirgssystem** bildet – zusammen mit den östlichen und westlichen Randgebirgen – den nördlichen Rahmen des Subkontinents. Es erstreckt sich von Westen nach Osten über eine Länge von rund 3 000 km von Pakistan bis Burma und erreicht eine Breite von 150 km im Osten

bis 350 km im Nordwesten. Der Himalaya besteht aus vier, von Westen nach Ost verlaufenden Gebirgsketten mit dazwischen liegenden in Längsrichtung verlaufenden Tallandschaften sowie intramontanen Becken, wie z. B. dem Tal von Kathmandu.
Der Himalaya ist das größte Gebirge der Erde mit zehn „Achttausendern“, darunter dem Mount Everest, mit 8 848 m der höchste Berg der Erde.
Der Himalaya ist ein **Faltengebirge**, das als Folge der **Plattenkollision** Indiens mit Eurasien entstanden ist. Vor etwa 200 Mio. Jahren löste sich die indische Landmasse vom Urkontinent Gondwana und driftete nach Norden. Beim Auftreffen auf die eurasische Platte wurde sie emporgehoben und gefaltet. Die Drift dauert bis heute an, sodass auch der Himalaya weiter wächst. Begleitet wurde die Kollision von **Erdbeben**, deren Wirkungen auch heute noch wirksam sind und sich bis weit in China hinein bemerkbar machen.
Im Himalaya entspringen die großen Flüsse Indus, Ganges und Brahmaputra, die nach ihrem Gebirgsaustritt breite Tallandschaften bilden, bevor sie ins Arabische Meer bzw. den Golf von Bengalen münden.

3. Das **Stromland von Indus, Ganges und Brahmaputra** („Dreistromland“) ist der jüngste Teil des Subkontinents. Geologisch handelt es sich um einen **Senkungstrog**, aufgebaut aus den fast 2 000 m mächtigen Ablagerungen dieser drei großen Flusssysteme. Die Schnee- und Gletscherschmelze im Himalaya sorgt für eine ganzjährige Wasserführung, sodass selbst der Indus auf seinem Weg durch die Wüste Tharr als „**Fremdlingsfluss**“ das Meer erreicht.
Beiderseits der kilometerbreiten Flussbetten, in denen das Wasser in der Regenzeit bis zu 10 m tiefe Ströme bildet – in der Trockenzeit verkümmern sie zu schmalen Rinnsalen –, erstrecken sich weitflächige Terrassen. Diese sind wiederum untergliedert in hochwassergefährdete Niederungen und in überschwemmungssichere Zwischenstromplatten. Letztere bestehen aus fruchtbaren Lehmböden und sind das bevorzugte Acker- und Siedlungsland, der „Garten Hindustans“. Unterhalb des Zusammenflusses von Ganges und Brahmaputra beginnt das große Delta der beiden Flüsse, das **Tiefland von Bengalen**. Es ist in zahlreiche Wasser- und Mündungsarme aufgelöst und bildet mit einer Fläche von ca. 80 000 km² das größte Flussdelta der Erde. Es liegt zum größten Teil weniger als 50 m über dem Meeresspiegel und wird regelmäßig von den Hochwässern der beiden Ströme überschwemmt. Starke Monsunregen, verbunden mit Taifunen und Sturmfluten führen häufig zu **Hochwasserkatastrophen**, gegen die die Deiche nur einen begrenzten Schutz bieten. Im unmittelbaren Mündungsbereich des Deltas hat sich eine amphibische Landschaft gebildet mit Gezeitensümpfen und Mangrovenwäldern, die **Sundarbans**.

Klima

Aufgrund der großen Nord-Süd-Ausdehnung über 37,5 Breitenkreise (= 4.165 km, Malediven im Süden eingerechnet) reichen die Klimazonen Südasiens vom tropischen immerfeuchten Regenwaldklima im Süden auf Sri Lanka bis zum subtropischen wintermilden Steppenklima im Punjab im Norden. Eine Sonderstellung nimmt das Hochgebirgsklima des Himalaya mit seiner vertikalen Temperaturdifferenzierung ein.
Für das Klima des gesamten Subkontinents ist der **Monsun** das prägende Phänomen. Er bestimmt den Jahresgang der Niederschläge und – in geringerem Maße – auch der Temperatur. Lage- und reliefbedingt sowie infolge der großen Süd-Nord-Erstreckung weist das „indische Monsunklima“ jedoch starke räumliche und zeitliche Unterschiede auf. Dies betrifft nicht nur den jahreszeitlichen Wechsel von regenbringendem Sommermonsun und trockenem Wintermonsun. Die Höhe der Niederschläge hängt ganz erheblich auch von der Luv- und Leelage der Gebirge ab sowie von der Exposition der Landmasse zu den Luftströmungen (unterschiedliche Regenzeiten an der West- und der Ostküste).
So führen monsunale Steigungsregen im Luv der Westghats und des östlichen Himalaya zu gewaltigen Niederschlagsmengen, z.B. 3 467 mm in Mangalore an der Südwestküste Indiens und 11 490 mm in Cherrapunji im indischen Bundesstaat Magalaya am Fuß des östlichen Himalaya, während die Leelagen relativ trocken bleiben.

Entstehung des Monsuns. Der Monsun (von arabisch mausim = Jahreszeit) ist ein konstanter Wind, der jahreszeitlich seine Richtung ändert. Der im Winter wehende Nordostmonsun (**Wintermonsun**) ist mit dem Nordostpassat identisch. Er kommt von dem asiatischen Festland und führt trockene kontinentale Luftmassen nach Indien. Lediglich die Küstengebiete im Südosten erhalten Regen, da der Nordostmonsun über dem Golf von Bengalen Feuchtigkeit aufgenommen hat und sich im Luv der Ostghats bzw. an der Ostküste Sri Lankas abregnet.
Der als **Sommermonsun** bezeichnete Südwestmonsun ist im Kern identisch mit dem Südostpassat. Im Sommer wird dieser von dem Äquatorialen Tief (**ITC**), das sich über dem Subkontinent weit nach Norden (bis ca. 30° n. Br.) verlagert hat, angezogen. Beim Überschreiten des Äquators wird er nach rechts abgelenkt (Coriolis-Kraft). Aus dem Südostpassat wird somit ein Südwestwind, der Sommermonsun. Da er sich über dem Indischen Ozean mit Feuchtigkeit aufgeladen hat, bringt er dem Subkontinent die „Monsunregen“.

Niederschlagsprovinzen. Da die Niederschlagsverteilung im Jahresmittel weitgehend der der Sommermonsunperiode entspricht und die Temperaturverhältnisse sich regional kaum unterscheiden, lassen sich sechs Klima- bzw. Niederschlagsprovinzen unterscheiden:

1. die regenreiche Malabarküste im Luv der Westghats,
2. das Dekkan-Hochland mit dem trockenen Westteil und dem etwas feuchteren Nordosten,
3. das feuchte Assam und Bengalen,
4. das relativ feuchte nordindische Tiefland,
5. das Trockengebiet von West-Rajasthan mit der Wüste Tharr,
6. die winterfeuchte Südostküste.

1 Klimadaten der Station Nagpur-Maharashtra/Indien

Manfred J. Müller: Handbuch ausgewählter Klimastationen der Erde. Universität Trier: Forschungsstelle Bodenerosion. Trier 1996, S. 186

Lage 21°9'N/79°9'E Höhe ü. NN 312 mm			J	F	M	A	M	J	J	A	S	O	N	D	Jahr
1	Mittl. Temperatur	in °C	20,9	23,6	28,3	32,5	35,3	31,4	27,5	27,2	27,5	27,1	22,5	19,7	27,0
2	Mittl. Max. d. Temperatur	in °C	28,3	29,4	31,7	33,9	36,1	36,7	35,6	34,4	33,9	31,7	29,4	27,8	32,2
3	Mittl. Min. d. Temperatur	in °C	21,7	22,8	24,4	26,1	26,7	26,1	26,1	25,0	25,0	24,4	23,3	22,2	24,4
4	Absol. Max. d. Temperatur	in °C	35,0	38,9	45,0	46,1	47,8	47,2	40,6	37,8	38,9	38,3	35,6	33,3	47,8
5	Absol. Min. d. Temperatur	in °C	5,0	6,7	8,3	16,1	19,4	21,1	21,1	20,6	18,9	13,9	3,9	5,6	3,9
6	Mittl. relative Feuchte	in %	48	40	32	28	27	56	78	78	73	54	49	48	51
7	Mittl. Niederschlag	in mm	10	18	15	15	20	224	371	290	203	56	20	13	1255
8	Max. Niederschlag	in mm	105	157	104	129	165	501	597	595	627	267	162	128	1931
9	Min. Niederschlag	in mm	0	0	0	0	0	<1	90	47	52	0	0	0	365
10	Max. Niederschlag 24 h	in mm	41	51	41	58	56	145	124	185	175	107	41	41	185
11	Tage mit Niederschlag	>2,5 mm	1	1	1	1	2	10	17	13	11	3	1	1	62
12	Sonnenscheindauer	in h	264	260	270	267	267	162	87	96	156	251	267	264	2611
13	Globalstrahlung	in Wh/m^2	4885	5815	6315	6780	6955	5873	4408	4268	5036	5675	5140	4536	5478
14	Potenzielle Verdunstung	in mm	53	79	153	184	207	192	166	157	147	83	68	49	1538
16	Vorherrsch. Windrichtung		N,E	N,NE	N,NE	NW	NW	W	W	W	W	N,NE	N,NE	N,E	

2 Klimadiagramme von Mangalore-Karnataka/Indien und Nagapattinam-TamilNadu/Indien

Nach Manfred J. Müller: a.a.O., S. 189 und 190

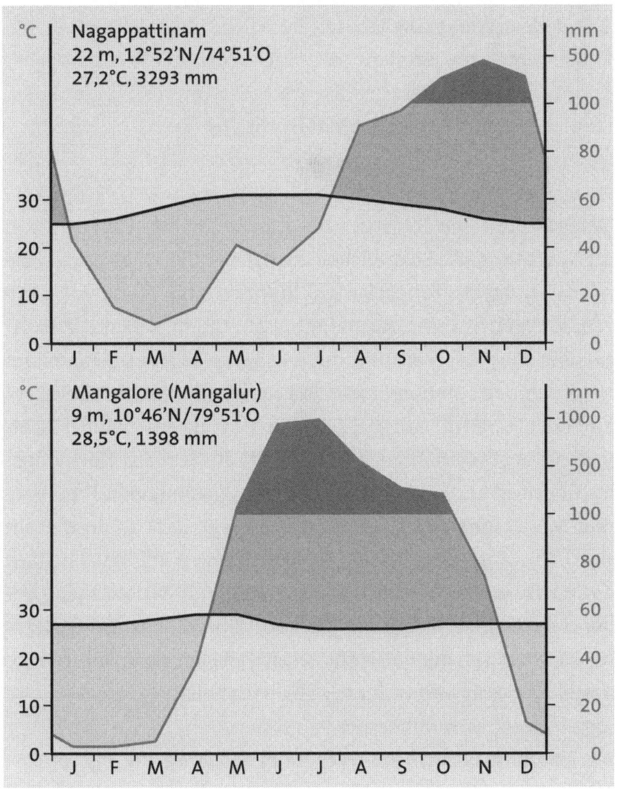

Variabilität der Niederschläge. So konstant der Monsun mit seinem halbjährigen Richtungswechsel auch ist, so schwanken sowohl die Ergiebigkeit der Niederschläge als auch der Zeitpunkt des Einsetzens und des Monsunrückzugs. Die Abweichungen vom langjährigen Mittel können dabei ganz erheblich sein, und auch regional fallen die Schwankungen sehr stark aus. Auffällig ist in diesem Zusammenhang die Tatsache, dass die Regionen mit den höchsten Jahresniederschlägen und der längsten Niederschlagsperiode auch die geringsten prozentualen Abweichungen vom langjährigen Durchschnittsmittel haben, während die ariden und semiariden Gebiete mit kurzen Regenzeiten die größten Schwankungen aufweisen. So liegen die Abweichungen vom langjährigen Mittel in den feuchten Westghats und im Nordosten unter 15 %, im trockenen Nordwesten, im nördlichen Rajasthan sowie im Norden und Westen von Gujarat betragen sie hingegen mehr als 30 % (vgl. dazu auch Tabelle 1).

Neben der absoluten Niederschlagsmenge und der zeitlichen Verteilung sind ferner der Zeitpunkt des Einsetzens der Regenzeit und die Kontinuität der Niederschläge während der Monsunperiode von entscheidender Bedeutung. So gefährden das verspätete Einsetzen, längere Unterbrechungen oder das vorzeitige Ende der Niederschlagsperiode die Ernteergebnisse der Landwirtschaft erheblich.

3 Südasiatische Länder im Überblick
Rangfolge nach Fläche und Bevölkerungsdichte

United Nations Data Report 2011

	Fläche (1000 km^2)		EW/km^2
1 Indien	3287,2	1 Malediven	1329
2 Pakistan	796,1	2 Bangladesch	1167
3 Bangladesch	148,6	3 Indien	368
4 Nepal	147,2	4 Sri Lanka	315
5 Sri Lanka	65,6	5 Pakistan	232
6 Bhutan	46,5	6 Nepal	203
7 Malediven	0,3	7 Bhutan	15

1.2 Bevölkerung und soziale Strukturen

Armutsgrenze: mit dem Begriff wird ein Einkommen bezeichnet, unterhalb dessen die Sicherung aller Grundbedürfnisse nicht mehr gewährleistet ist. Der Zahlenwert für die Armutsgrenze variiert von Land zu Land. Die Weltbank setzt die absolute Armutsgrenze bei einem Einkommen von weniger als 1,25 US-$ pro Tag, d. h. alle Menschen, die weniger zur Verfügung haben, sind arm.
Dalit: Selbstbezeichnung für die Nachfahren der indischen Ureinwohner, die aus rassistischen Gründen aus der Gesellschaft der indoarischen Einwanderer bzw. Eroberer als „**Unberührbare**" ausgeschlossen waren und auch heute noch am Rande der Gesellschaft leben. Ghandi nannte sie **Harijan** („Vishnu-Geborene"). Im deutschen Sprachraum werden sie vielfach als **Paria** bezeichnet. Der bei uns oft gebrauchte Begriff „Kastenlose" ist abzulehnen, da die Dalit durchaus einer Kaste (**Jati**) angehören, aber nicht einer der vier **Varnas**.
demografischer Übergang: Modellvorstellung der Veränderung einer Bevölkerung von der vorindustriellen Phase mit hohen Geburten- und Sterberaten über die industrielle Phase mit noch hohen Geburtenraten aber abnehmenden Sterberaten zur spätindustriellen Phase mit niedrigen Geburten- und Sterberaten.
Fruchtbarkeitsrate (Fertilitätsrate): Zahl der lebend geborenen Kinder, die eine Frau im gebärfähigen Alter (in der Regel 15 bis 45 Jahre) im Durchschnitt zur Welt bringt.
Geburtenrate: Zahl der Lebendgeborenen pro 1 000 Einwohner innerhalb eines bestimmten Zeitraumes, meist einem Jahr.
generatives Verhalten: durch das Zusammenspiel verschiedener Faktoren bestimmtes Verhalten, das auf die Zahl der Kinder Einfluss nimmt und damit die natürliche Entwicklung einer Bevölkerung bestimmt, z. B. Alter der Frauen bei ihrer Heirat, religiöse Einflüsse, Familienplanung.
Jati: (Sanskrit = Geburt, Herkunft): mit diesem in Indien gebräuchlichen Begriff wird das bezeichnet, was wir allgemein unter Kaste verstehen. Der Hindu wird in eine Jati hineingeboren, und damit ist sein sozialer Status zeitlebens festgelegt. Er ist gezwungen innerhalb seiner Kaste zu leben und zu heiraten.
Kaste: eine streng abgeschlossene Gesellschaftsschicht, deren Mitglieder gleiche oder ähnliche Berufe, die gleiche Religion, Rechtsstellung und Lebensform aufweisen. Die Mitglieder werden in die Kaste hineingeboren und können sie in aller Regel nicht verlassen. In Indien spricht man von „Jati".
Sterberate: Zahl der Sterbefälle pro 1 000 Einwohner innerhalb eines bestimmten Zeitraumes, meist einem Jahr.
Varna (Sanskrit = Farbe): das Wort bedeutet so viel wie Stand, Klasse. Er ist keinesfalls mit Kaste gleichzusetzen. Es gibt vier Varnas: **Brahmanen**, **Kshatriyas**, **Vaihyas** und **Shudras**. Man vermutet, dass mit dem Begriff Varna ursprünglich die Hautfarbe der verschiedenen Einwanderer gemeint war, worin sich deren Rassenzugehörigkeit widerspiegele: je höher der Stand, desto heller die Haut.
Wachstumsrate: jährlicher Geburtenüberschuss plus Wanderungsgewinne, bezogen auf 1 000 Einwohner in einem bestimmten Zeitraum, meist einem Jahr.

Bevölkerungsdichte und Bevölkerungsentwicklung

Bevölkerungsdichte. Mit 1,588 Mrd. Einwohnern zählt Südasien zu den großen Dichtezentren der Erde. Auf den Subkontinent entfällt ein Anteil von 23 % der Weltbevölkerung, obwohl er nur einen Anteil von 3 % der gesamten Landoberfläche der Erde einnimmt. Schon aufgrund dieses Missverhältnisses zwischen Bevölkerungs- und Flächenanteil muss der südasiatische Subkontinent als übervölkert bezeichnet werden. Der Durchschnittswert von 353 EW/km² für den gesamten Subkontinent verdeckt jedoch die z. T. erheblichen Unterschiede, wie auch die Tabelle 4 belegt. Mit einer Bevölkerungsdichte von 1 114 Einwohnern pro km² rangiert Bangladesch an der Spitze aller Flächenstaaten der Erde, während Bhutan eine Einwohnerdichte von lediglich 15 EW/km² erreicht.

Diese krassen regionalen Unterschiede in der Bevölkerungsdichte gelten für den gesamten südasiatischen Raum. Fast menschenleeren Räumen, wie den Hochgebirgsregionen in Himalaya oder der Wüste Tharr, stehen extrem dicht besiedelte Regionen gegenüber, wie z. B. die Bundesstaaten Kerala, Uttar Pradesh, Bihar und Westbengal in Indien und die Tieflandebenen des Punjab in Pakistan mit z. T. mehr als 1 000 EW/km² oder die Schwemmlandebenen in Bangladesch mit über 2 000 EW/km². Sie sind Ausdruck einer überschöpften Tragfähigkeit dieser Gebiete, als deren Folge sich ein starker Zustrom vom Lande in die Städte ergießt. So erreichen auch die großen Metropolen die höchsten Bevölkerungsdichten. In ihnen sind Werte von über 20 000 EW/km² keine Ausnahme, wie z. B. in Kolkata (Kalkutta) oder Mumbai (Bombay) mit 24 452 bzw. 27 366 EW/km². Im Vergleich dazu sind deutsche Städte wie Berlin mit 3 880 EW/km² oder Frankfurt mit 2 737 EW/km² fast „menschenleer". Aufgrund des starken Zuzugs sind die Städte zumeist hoffnungslos überfordert, sodass deren ohnehin gravierenden Probleme und Missstände sich noch verstärken (vgl. Kap. 1.5 in diesem Heft). Es wäre jedoch falsch, aus dem starken Städtewachstum auf einen hohen Verstädterungsgrad der südasiatischen Länder zu schließen. Mit einem Wert von z. B. 30 % für Indien, 27 % für Bangladesch oder 36 % für Pakistan liegen sie im internationalen Vergleich weit unter dem Durchschnitt.

Bevölkerungswachstum. Nach einer Modellrechnung der Vereinten Nationen wird Indien spätestens im Jahre 2043 China, das bis dahin bevölkerungsreichste Land der Erde, überholen. Und auch die Einwohnerzahlen von Bangladesch und Pakistan, die bereits heute zu den sieben bevölkerungsreichsten Ländern der Erde zählen, werden weiter explosionsartig zunehmen: von derzeit 164 Mio. bzw. 185 Mio. auf 255 Mio.

4 Daten zur Demografie der südasiatischen Länder

Der Fischer Weltalmanach 2001. Frankfurt: Fischer Taschenbuch Verlag 2011; Deutsche Stiftung Weltbevölkerung: DSW-Datenreport 2010. Hannover 2010

Land	Bevölkerung 2009 (in Mio.)	Bevölkerungsdichte (EW/km^2)	Bevölkerungsentwicklung 2000–2008 (in %)	Bevölkerungsprojektion 2025 (Mio.)	Geburtenrate 2008	Sterberate 2008	Natürliche Wachstumsrate (in %)	Fruchtbarkeitsrate 2008	Lebenserwartung bei der Geburt (Jahre) gesamt/Männer/Frauen	Bevölkerung nach Alter 2008 (in %) < 15 Jahre/> 65 Jahre	Alphabetisierungsrate 2005–2008 Männer/Frauen
Bangladesch	164,4	1114	1,6	195,0	22	7	1,5	2,3	66/65/67	32/4	60/50
Bhutan	0,7	15	2,5	0,9	25	8	1,7	2,6	68/67/68	31/5	65/39
Indien	1188,8	362	1,6	1444,5	23	7	1,5	2,7	64/63/65	32/5	75/51
Malediven	0,3	1.023	1,4	0,4	22	3	1,9	2,0	73/72/74	29/4	98/98
Nepal	28,0	190	2,1	35,7	28	8	1,9	2,9	64/64/65	37/4	71/45
Pakistan	184,8	232	2,2	246,3	30	7	2,3	4,0	66/66/67	37/4	67/40
Sri Lanka	20,7	316	0,8	23,2	19	7	1,2	2,3	74/72/76	24/7	92/89
Zum Vergleich:											
China	1338,1	140	0,7	1437,0	12	7	0,5	1,8	74/72/76	21/8	97/91
Deutschland	81,6	228	0,0	79,7	8	10	−0,2	1,4	80/77/82	14/20	k. A.

bzw. 349 Mio. im Jahre 2050. Indien wird dann voraussichtlich 1531 Mio. Einwohner zählen.

Dieses außerordentliche Wachstum mag auf den ersten Blick erstaunen, weisen doch alle Erhebungen und Berechnungen aus, dass die **Wachstumsraten** in den genannten drei Ländern seit einigen Jahren deutlich zurückgehen. So soll nach den Annahmen der Modellrechnung der Vereinten Nationen die **Fruchtbarkeitsrate** in Indien im Zeitraum 2009 bis 2050 von ca. 2,7 auf etwa 2,1 Kinder pro Frau zurückgehen, um danach noch weiter zu sinken. Damit wäre langfristig mit einer Bevölkerungsabnahme zu rechnen. Gleichwohl würde die Bevölkerung auch im Jahre 2050 noch mit mehr als 10000 Personen täglich wachsen. Gegenwärtig sind es noch weit über 40000 pro Tag. Die Erklärung dieses scheinbaren Widerspruchs liegt darin, dass der Anteil der jungen Menschen, die ins heiratsfähige Alter treten und damit Kinder zeugen, recht hoch ist. Um die künftige Bevölkerungsentwicklung eines Landes abschätzen zu können, müssen neben der Wachstums- und Fruchtbarkeitsrate weitere Daten herangezogen werden, wie z. B. die Altersstruktur einer Bevölkerung.

Altersstruktur und generatives Verhalten. Die Altersstruktur der Länder Südasiens zeigt die für Entwicklungsländer typische Form einer Pyramide. Etwa ein Drittel der Bevölkerung ist jünger als 15 Jahre, etwa 62 % stehen im erwerbsfähigen Alter und etwa 5 % sind älter als 65. Mit anderen Worten: Selbst bei einer rigorosen Geburtenbeschränkung wird es eine Zeit dauern, bis die junge Bevölkerung in der Pyramide so weit nach oben gewachsen ist, dass sich deutliche Auswirkungen auf das absolute Wachstum ergeben.

5 Bevölkerungspyramide von Indien und Deutschland im Vergleich

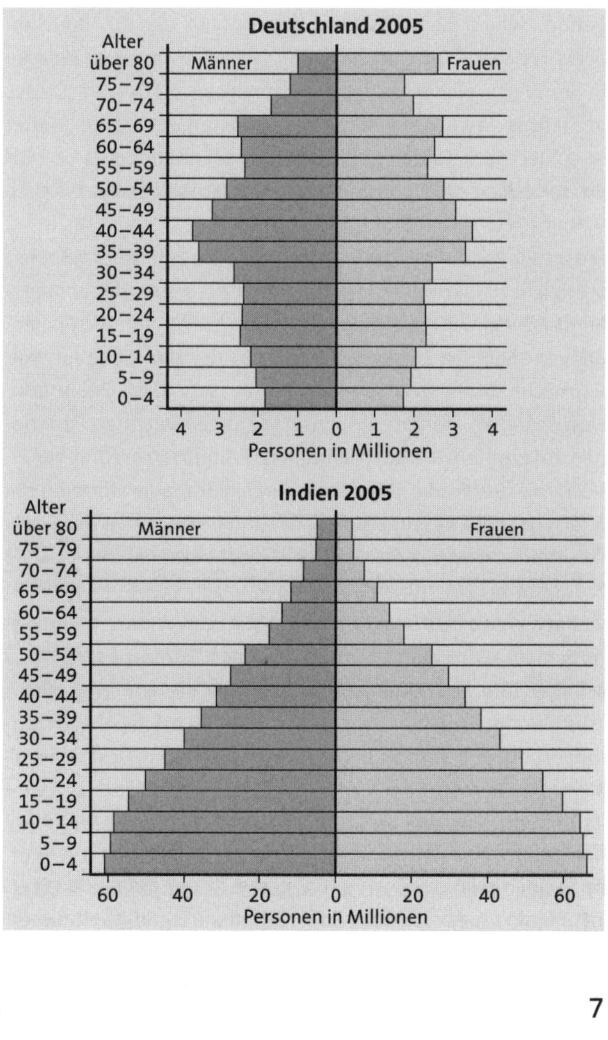

Eine deutliche Korrelation besteht auch zwischen dem Bevölkerungswachstum und dem **generativen Verhalten**. Darunter versteht man das Fortpflanzungsverhalten einer Bevölkerungsgruppe, die von verschiedenen Faktoren beeinflusst wird, z. B. Bildung, Einkommen, Religion, Gesundheit u. a. m. Besonders der Bildung der Frauen kommt hier eine große Bedeutung zu. Ein Beispiel aus Indien kann dies verdeutlichen. Während im nationalen Durchschnitt die **Alphabetisierungsrate** der Frauen in Indien insgesamt bei 51 % liegt, beträgt sie im Bundesstaat Kerala, in dem die Frau generell ein höheres Ansehen genießt, 88 %. Die Zahl der Geburten pro Frau **(Fruchtbarkeitsrate)** beträgt in Kerala 1,7, während sie für ganz Indien mit 2,7 angegeben wird.
In Indien ist, wie auch in den anderen Staaten Südasiens, zudem ein Land-Stadt-Gefälle zu erkennen. So liegt die Fruchtbarkeitsrate in den ländlichen Räumen im Durchschnitt bei 3,0 % deutlich höher als in den Städten mit ca. 2,1 %. Dies ist auch ein Beleg dafür, dass sich in den Städten, wo breite Bevölkerungsschichten Zugang zu Einrichtungen der Bildung und des Gesundheitswesens haben, am ehesten der soziale Wandel einsetzt – mit Auswirkungen auch auf das generative Verhalten.

Geschlechterproporz und Stellung der Frau
Bemerkenswert für die südasiatischen Länder ist eine extrem ungleiche Verteilung der Geschlechter. Das Beispiel Indien kann auch hier repräsentativ für die meisten anderen Staaten gelten. Schon die Volkszählungen Anfang des 20. Jahrhunderts weisen – im Gegensatz zu fast allen anderen Staaten in der Welt – einen deutlichen Männerüberschuss aus. Dieses Verhältnis hat sich bis heute zuungunsten der Frauen weiter verschlechtert. Kamen 1901 auf 1 000 Männer noch 972 Frauen, so weisen die Daten für 2008 ein Verhältnis von 1 000 zu 938 aus.
Dieses **Frauendefizit** lässt sich keineswegs mit einer höheren Sterblichkeit der Frauen im Kindsbett erklären. Ausschlaggebend ist vielmehr die generelle Benachteiligung der Frauen, die vor allem im Zusammenhang mit der traditionellen Rollenzuschreibung der Geschlechter zu sehen ist. Männliche Nachkommen werden bevorzugt, da ihnen wichtige Funktionen zukommen. Sie übernehmen die Altersversorgung der Eltern und führen die Totenriten durch. Für Frauen müssen die Eltern bei der Eheschließung, die zumeist noch von der Familie vereinbart wird, eine so hohe Mitgift bezahlen, dass sie die Brauteltern u. U. ruiniert. Auch deswegen werden Mädchen vielfach gleich nach der Geburt getötet. Um erneut in den Genuss einer weiteren Mitgift zu gelangen, kommt es vor, dass Männer ihre Ehefrauen ermorden, oder sie kommen durch „Unfälle" im Haushalt ums Leben. Seitdem solche Mitgiftzahlungen offiziell verboten sind, werden sie von „Geschenken" abgelöst. Geändert hat sich also nur wenig. Und auch das vom Parlament erlassene Verbot der Geschlechtsbestimmung vor der Geburt, hat sich als wenig wirksam erwiesen. Im Gegenteil: Viele Kliniken haben sich inzwischen auf pränatale Ultraschalluntersuchungen „aus medizinischen Gründen" spezialisiert; die Zahl der männlich Geborenen nimmt weiter zu.
Auf dem Land ist es immer noch üblich, dass eine Frau nach ihrer Heirat zu den Schwiegereltern zieht und dort unter dem Regime der Schwiegermutter – gegen die sich auch der Ehemann oft nicht auflehnen wird – ein unterdrücktes Leben führt. Ihre Position wird sie nur dann verbessern, wenn sie ein Kind zur Welt bringt – natürlich einen Jungen.
Erst in jüngerer Zeit hat sich die Situation mit dem Übergang zur Kleinfamilie in den Städten verbessert. Die zunehmende Verstädterung hat also auch hier, wie beim generativen Verhalten, durchaus einen positiven Effekt. Erfreulich ist auch, dass der vermehrte Zugang zu Bildung und Ausbildung, das Aufkommen neuer Wirtschafts- und Arbeitsmärkte (vor allem in den Städten) und nicht zuletzt staatliche Gesetze und Reformprogramme die gesellschaftliche Stellung der Frau inzwischen maßgeblich verändert haben. Nach wie vor existiert jedoch ein extremes Ungleichgewicht zwischen urbanen und ländlichen Regionen.

Sprachliche und ethnische Vielfalt
Südasien ist ein Raum immenser gesellschaftlicher Pluralität. Die Menschen gehören unterschiedlichen ethnischen Gruppen an und sprechen unterschiedliche Sprachen. Für Indien z. B. weist der Anthropological Survey namentlich 325 Sprachen aus. 32 von ihnen werden von mehr als einer Mio. Menschen gesprochen, 18 sind neben Englisch als Amtssprachen anerkannt. Viele dieser Sprachen haben sogar eine eigene Schrift. Manche sehen in dieser sprachlichen Vielfalt eine Gefahr für die nationale Einheit, andere interpretieren sie wiederum als eine Stärke.
Nach Erlangen der Unabhängigkeit war ursprünglich eine Neugliederung des Staats nach der ethnischen Zusammensetzung der Bevölkerung vorgesehen. Diese Idee traf jedoch auf den heftigen Widerstand Nehrus, der die Einheit des jungen Staates dadurch gefährdet sah. So kam es nach seinem Tode auch zu ersten Konflikten, als Politiker aus dem Norden Hindi als alleinige Verwaltungs- und Hochschulsprache durchsetzen wollten. Proteste kamen vor allem aus dem Süden, in dem mehrheitlich dravidische Sprachen, die mit den indo-arischen Sprachen des Nordens nichts gemein haben, gesprochen werden. So wurde ein Sprachengesetz erlassen, das den weiteren Gebrauch des Englischen, also der an sich verpönten Sprache der ehemaligen Kolonialherren, sowie die anerkannten Regionalsprachen für den Staatsdienst erlaubte. Mit der Neuschaffung von sprachlich weitgehend homogenen Bundesstaaten kehrte schließlich wieder der politische Frieden ein.
Heute ist das Englische immer noch eine Ersatz-Nationalsprache, auf die Regierung, Verwaltung, Wirtschaft, Wissenschaft und Armee angewiesen sind. Dennoch: Nur der kleinere Teil der indischen Bevölkerung kann Englisch lesen und schreiben.
Dass die Vielfalt der Ethnien und Sprachen keine Gefahr für die Einheit des Landes darstellt, erklären Landeskenner u. a. mit der Tatsache, dass im gesamtstaatlichen Rahmen Indiens keine Ethnie einen beherrschenden Einfluss ausübt. Die demokratische Ordnung und die föderalen Strukturen wirken offensichtlich stabilisierend. Eine Gefahr der Destabilisierung droht

vielmehr dort, wo die wirtschaftlichen Gegensätze zwischen einzelnen Bevölkerungsgruppen groß sind oder eine Minderheit den politischen Ton angibt.

Religionen und Kastenwesen

In Südasien sind die vier großen Weltregionen Hinduismus, Islam, Christentum und Buddhismus verbreitet. Daneben gibt es viele religiöse Splittergruppen, wie z. B. die Sikhs, Jainas und Parsen in Indien. In den einzelnen Staaten dominiert hingegen jeweils eine Religion.

6 Religionen in den südasiatischen Staaten

Nach Der Fischer Weltalmanach 2011. Frankfurt: Fischer Taschenbuch Verlag 2010, verschiedene Seiten

	Hindus	Muslime	Buddhisten	Christen	andere
Bangladesch	9	90	0,6	0,3	0,1
Bhutan	25	4	70	–	1
Indien	80,5	13,4	0,8	2,3	3
Malediven	–	99,9	–	–	0,1
Nepal	81	4	11	1	3
Pakistan	2	96	–	1,7	0,3
Sri Lanka	8	9	77	6	–

Kasten. Das indische Wort für Kasten heißt Jati (Geburt, Herkunft). Damit ist schon das wesentliche Merkmal des Kastenwesens angesprochen: Der Hindu wird in eine Kaste hineingeboren und kann sie zeitlebens nicht mehr verlassen. Mit der Geburt sind sein sozialer Status und früher auch sein Beruf festgelegt. Er muss innerhalb der Kaste heiraten und streng die Regeln und Vorschriften einhalten, die ein Kastenrat überwacht.

7 Kastenwesen

„Das Kastenwesen ist die rigideste und ausgeklügeltste Hierarchie einer Gesellschaft, denn es bestimmt das Verhältnis und die Rangordnung der Kasten untereinander. Es bildet das Gegenteil zu dem, was im Westen als Demokratie bezeichnet wird, denn es bedeutet die festgeschriebene Inferiorität [untergeordnete Stellung, Minderwertigkeit] ganzer Bevölkerungsgruppen – eine von der Religion untermauerte ‚Apartheid'. Sie erstreckt sich auf alle Bereiche des Lebens: das Essen oder dessen Zubereitung, die Benutzung von Brunnen, die Teilnahme an kultischen Handlungen oder das Betreten des Tempels, und sie findet ihre extreme Ausprägung in der Unberührbarkeit."

Friedrich Stang: Indien. Darmstadt: Wissenschaftliche Buchgesellschaft 2002, S. 362

„Reinheit" ist ein zentrales Gebot des Kastenwesens. Selbst die Götter werden nach ihrer Reinheit eingestuft. Am unteren Ende in der Kastenhierarchie stehen die „Unberührbaren", die als „unrein" gelten. Sie stehen nicht außerhalb der Kastenordnung, wie vielfach zu lesen ist, sondern bilden selbst zahlreiche Unterkasten. Eine Berührung mit einem „Unreinen", die gemeinsame Benutzung eines Trinkgefäßes, ja selbst der Schattenfall eines „Unreinen" auf ein Mitglied einer höheren Kaste, beschmutzt diesen und erfordert von ihm umfangreiche Reinigungsrituale. Mahatma Gandhi nannte diese „Unberührbaren" **Harijan** (Kinder des Gottes Vishnu). Sie selbst bezeichnen sich heute als „**Dalits**" (Zerbrochene, Niedergetretene). Die Bezeichnung „Kastenlose" ist, wie oben gesagt, irreführend.

Ursprünglich war jeder Kaste ein bestimmter Beruf zugeordnet, den auch nur die Mitglieder dieser Kaste ausüben durften. Eine Ausnahme bildeten landwirtschaftliche Tätigkeiten, die von allen Kasten ausgeübt werden konnten. Diese strenge Berufszuordnung verhinderte zwar einen sozialen und wirtschaftlichen Aufstieg, garantierte aber den Menschen eine bescheidene Erwerbssicherheit und eine feste Position in der Gesellschaft.

Aus dem Beschriebenen wird deutlich, dass das Kastenwesen an sich nur im ländlichen Dorf funktionieren kann, dort, wo jeder jeden kennt und man sich aus dem Wege gehen kann – auch wenn infolge der arbeitsteiligen Berufsspezialisierung alle aufeinander angewiesen sind. Hier bestimmt die Kastenzugehörigkeit auch den Wohnplatz, sodass die Dörfer auch nach Kasten gegliedert sind.

In der Stadt bzw. in der modernen Industrie kann das Kastenwesen in seiner extremen Form nicht funktionieren. Notgedrungen kommt man tagtäglich mit anderen Kasten und auch mit den „Unreinen" in Berührung. Die Reinigungsrituale würden einen großen Teil des Tages in Anspruch nehmen. Auch im Restaurant oder der Kantine kann man nicht erwarten, dass für jede Kaste das kastenkonforme Personal zur Verfügung steht, es sei denn, der Koch ist ein Brahmane, dessen Speisen für alle akzeptabel sind.

Kasten/Jatis sind nicht zu verwechseln mit den sogenannten **Varnas**, ursprünglich die vier großen „Stände": die **Brahmanen** (ursprünglich Priester und intellektuelle Elite), die **Kshatriyas** (ursprünglich Krieger und hohe Beamte), die **Vaishyas** (ursprünglich Händler und Grundbesitzer) sowie die **Shudras** (Handwerker, Pächter). Diese teilen sich jeweils in Hunderte Kasten auf, die Jatis. Wer den höheren Kasten angehört, ist nicht zwangsläufig reich. Aber unter den Armen sind überproportional viele Shudras und Dalits zu finden.

1.3 Landwirtschaft und ländlicher Raum

Agrarreform: staatliche Maßnahmen zur Veränderung der Agrarstruktur, insbesondere zur Verbesserung der landwirtschaftlichen Produktion und der Lebensverhältnisse der ländlichen Bevölkerung; zu unterscheiden sind Maßnahmen der Bodenbesitzreform und der Bodenbewirtschaftungsform.
Bewässerungsfeldbau: Form der landwirtschaftlichen Bodennutzung, bei der den Nutzpflanzen wegen unzureichender Niederschläge Wasser durch verschiedene technische Systeme zugeführt wird, z. B. durch Brunnen, Kanäle oder Tanks.
Bodenreform: Teil der Agrarreform; im engeren Sinne die Neuorganisation der Besitzverhältnisse in der Landwirtschaft (Bodenbesitzreform).
Community Development Programme (CDP): Reformprogramm der indischen Regierung aus den 1960er- und 1970er-Jahren, mit dem die Landwirtschaft und die Lebensverhältnisse im ländlichen Raum umfassend verbessert werden sollten.
Cooly: indische Bezeichnung für einen ungelernten Gelegenheitsarbeiter bzw. Tagelöhner.
Grüne Gentechnik: Anwendung gentechnischer Verfahren in der Pflanzenzüchtung bzw. die Nutzung gentechnisch veränderter Pflanzen in der Landwirtschaft.
Grüne Revolution: eine in den 1960er-Jahren speziell für tropische Räume entwickelte Agrartechnologie, die mithilfe hochertragreichen Saatgutes, künstlicher Bewässerung sowie erhöhten Einsatzes von Dünge- und Schädlingsbekämpfungsmitteln überdurchschnittlich hohe Produktionssteigerungen erzielt.
Landlord: in Indien Bezeichnung für einen Grundeigentümer, meist Großgrundbesitzer, der vielfach außerhalb des Dorfes lebt und sein Land selbst nicht bebaut; vgl. den Begriff Rentenkapitalismus.
Realteilung: Erbrecht, bei dem der bäuerliche Besitz zu gleichen Teilen an die Kinder vererbt wird; Gegensatz: Anerbenrecht, bei dem der Besitz ungeteilt an ein einziges Kind, meist den ältesten Sohn, übergeht.
Regenfeldbau: Ackerbau, bei dem der Wasserbedarf der Pflanzen ausschließlich durch Niederschläge gedeckt wird; häufig fälschlicherweise als „Trockenfeldbau" bezeichnet.
Rentenkapitalismus: Wirtschaftssystem, das besonders im Orient vertreten ist; die Eigentümer der Produktionsmittel, meist große Landbesitzer, die in den Städten leben, schöpfen die Ertragsanteile (Renten) aus der Landwirtschaft ab, ohne die Gewinne zur Erhaltung oder Erhöhung der Produktion zu investieren.
Tank: in flachen Geländemulden künstlich angelegtes Speicherbecken, in dem die Niederschläge für die Bewässerung gesammelt werden.
Tenant: indische Bezeichnung für einen Pächter.
Zamindar: privilegierter Großgrundbesitzer, Händler und Geldverleiher; vormals Steuereintreiber unter der britischen Kolonialherrschaft

Landwirtschaft: Fundament von Wirtschaft und Gesellschaft
Mit Ausnahme der Malediven sind die Staaten Südasiens noch **Agrarländer**. Dies mag zunächst verwundern, da der Anteil der Landwirtschaft am BIP in fast allen Ländern unter einem Drittel liegt und der Tertiäre Sektor inzwischen deutlich dominiert. Anders sieht es aus, wenn man die Beschäftigtenstruktur betrachtet: Ein Großteil der Bevölkerung lebt nach wie vor von der Landwirtschaft.
Die Bedeutung der Landwirtschaft beschränkt sich nicht auf die Versorgung der Bevölkerung mit Nahrungsmitteln, wenn auch hier ihre Hauptaufgabe liegt.

8 Anteil der Landwirtschaft am BIP und an den Erwerbstätigen (2009)
The World Bank unter: http://data.worldbank/org.

	Anteil am BIP (%)	Anteil an den Erwerbstätigen (%)
Bangladesch	19	56
Bhutan	18	94
Indien	18	60
Malediven	5	14
Nepal	34	80
Pakistan	22	45
Sri Lanka	13	38

Vielfältig ist die Verflechtung des Agrarsektors mit den übrigen Wirtschaftszweigen. Agrarprodukte werden in der **Dorfwirtschaft** und in der **Kleinindustrie** verarbeitet, z. B. in Öl- und Reismühlen. Agrarische Rohstoffe wie Jute, Baumwolle oder Zuckerrohr stellen die Grundlage für ganze Industriezweige dar. Darüber hinaus trägt die Landwirtschaft, einschließlich der weiterverarbeitenden Industrien, in erheblichem Umfang zu den **Exporteinnahmen** bei, wie z. B. in Bangladesch mit ca. 75 %, in Pakistan mit ca. 70 % und in Indien mit ca. 30 %. Die Landwirtschaft und die ländliche Bevölkerung sind darüber hinaus wichtige Abnehmer von Industrieprodukten. Deshalb darf auch die Bedeutung der Landwirtschaft nicht ausschließlich an ihrem Beitrag zum BIP gemessen werden.
Wenn auch der Beitrag der Landwirtschaft zum BIP und der Beschäftigtenanteil in allen Ländern Südasiens in den letzten Jahrzehnten zurückgegangen sind, wird der agrare Sektor seine Vormachtstellung vor der Industrie noch eine Zeit lang behaupten. Der langsame Übergang zur Industriegesellschaft trägt wesentlich dazu bei, dass die traditionellen, über Jahrhunderte gewachsenen und z. T. verkrusteten Strukturen im ländlichen Raum auch noch lange Zeit das Leben der Menschen in den Dörfern bestimmen werden.

Entwicklung der landwirtschaftlichen Produktion

In den meisten Ländern konnte die Produktion von **Grundnahrungsmitteln** in den letzten Jahrzehnten z. T. erheblich gesteigert werden, sodass beispielsweise Indien seine Bevölkerung mit vielen Produkten inzwischen selbst versorgen kann. In guten Erntejahren kann das Land sogar Teile seiner Nahungsmittelproduktion exportieren. Bangladesch und Pakistan kommen dem Ziel der **Selbstversorgung** inzwischen sehr nahe. Wie hoch die Produktion auch im internationalen Vergleich ist, lässt sich schon daran ermessen, dass Indien nach China der zweitgrößte Weizen- und Reisproduzent der Erde ist. Aber auch Bangladesch und Pakistan nehmen hier beachtliche Positionen ein. Bangladesch ist der viertgrößte Reisproduzent der Erde, Pakistan der achtgrößte Weizenproduzent.

Nicht bei allen Agrarerzeugnissen konnte die Produktion in gleichem Umfang gesteigert werden wie beim Getreide, d. h. den beiden Hauptgetreidesorten **Reis** und **Weizen**. (Mais spielt in Südasien nur eine ganz untergeordnete Rolle.) Vor allem bei dem wichtigen Eiweißlieferanten **Hülsenfrüchte** sind die Produktionszuwächse bescheidener. Dank der Plantagenwirtschaft konnte wiederum der **Tee-** und **Kaffeeanbau** in vorher fast ungenutzte Regionen vordringen und hohe Erträge erzielen, sodass ein immer größerer Teil in den Export geht (vor allem Sri Lanka und Indien). Beachtlich sind in Indien auch die Fortschritte in der **Milchproduktion**, sodass man hier von einer „Weißen Revolution" spricht.

Insgesamt gilt jedoch immer noch, dass die Landwirtschaft auf dem indischen Subkontinent ein Glücksspiel mit dem Monsun ist, „a gamble with the monsoon". Ein verspäteter oder ausbleibender Monsun kann die Versorgung immer wieder gefährden. Zu Hungersnöten, wie z. B. in Indien 1965/1966, ist es in den letzten Dekaden jedoch nicht mehr gekommen. Die jährlichen Ernteerträge schwanken allerdings z. T. erheblich. Daran konnten auch die Maßnahmen zur Steigerung von Produktion und Produktivität (s. u.) bislang nicht viel ändern.

„Grüne Revolution"

Zum Zeitpunkt des Erlangens der Unabhängigkeit 1947 war die Versorgungslage in Indien äußerst prekär. Mit der Teilung hatte das Land die an Pakistan gefallenen Überschussgebiete Punjab und Sind verloren. Hinzu kamen mehrjährige schlechte Ernten und eine sprunghafte Verteuerung der Getreidepreise. Nur durch gewaltige **Getreideimporte** aus den USA (über 10 Mio. t jährlich) konnte Indien die Krise meistern. Die Importe überstiegen aber auf Dauer die Zahlungsfähigkeit des jungen Staates. Die Möglichkeiten der Produktionssteigerung durch eine Ausdehnung der Anbauflächen waren erschöpft. So blieb als Ausweg nur eine Intensivierung des Anbaus auf den vorhandenen Flächen.

Ab Mitte der 1960er-Jahre begann man mit einem gewaltigen Modernisierungsprogramm, allgemein bekannt unter dem Namen **„Grüne Revolution"**. Das Schlagwort „Grüne Revolution" wurde nicht nur in Indien, sondern auch in den anderen südasiatischen Ländern und darüber hinaus in Lateinamerika und Afrika zum Inbegriff für umwälzende agrartechnische Neuerungen der Landwirtschaft. Zu den Hauptmaßnahmen gehörten:

- die Einführung widerstandsfähiger Hochertragssorten,
- der massenhafte Einsatz von Mineraldünger und Schädlingsbekämpfungsmitteln,
- die teilweise Mechanisierung der Landwirtschaft und
- die Ausweitung der Bewässerungsflächen.

Zusammengenommen führten sie zu einer bemerkenswerten Steigerung der landwirtschaftlichen Erträge, besonders bei Weizen und später auch bei Reis. So erhöhte sich die Getreidepoduktion in Asien zwischen 1970 und 1995 um mehr als das Doppelte – bei einem Anstieg der Nutzfläche um nur sechs Prozent. Trotz des starken Bevölkerungswachstums verdreifachte sich in vielen Ländern die Verfügbarkeit von Getreide pro Kopf, was wiederum die Lebensmittelpreise senkte – auch zugunsten der Armen auf dem Lande und in den Städten.

9 Getreideproduktion in ausgewählten Ländern Südasiens und in China 1970–2009 (in 1 000 t)

Nach: FAO: Statistical Yearbook, verschiedene Jahrgänge

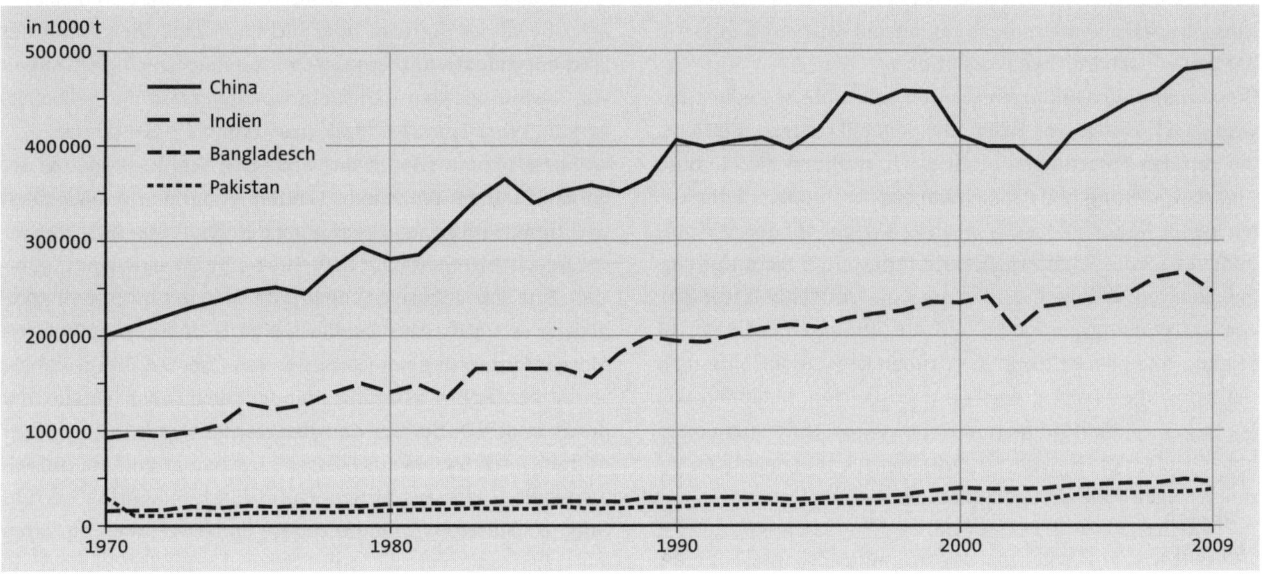

10 Wirkungsgefüge zu möglichen ökologischen und sozialen Folgen der Grünen Revolution

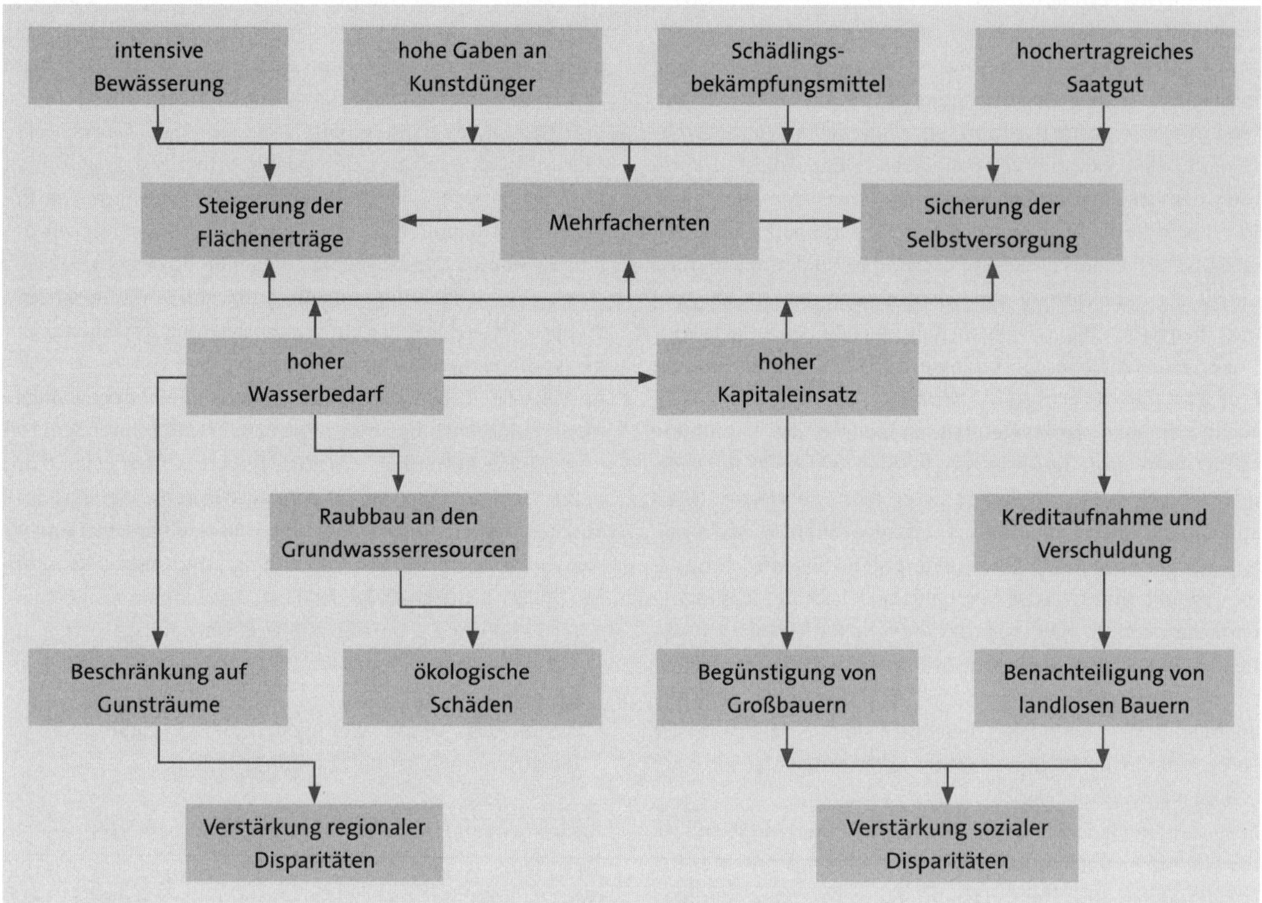

Die Art der genannten Inputs (S. 11) macht jedoch deutlich, dass die Grüne Revolution keine umfassende Verbesserung der Produktionsgegebenheiten bewirken konnte. Die spektakuläre Steigerung der Hektarerträge beschränkte sich auf wenige, von der Natur her ohnehin bevorzugte Regionen, d. h. vor allem auf solche mit guten Bewässerungsmöglichkeiten, wie z. B. das nordindische Tiefland und die Talungen der anderen großen Ströme Indiens, auf den Punjab und den Sind in Pakistan oder auf die wasserreichen Anbaugebiete Bangladeschs. Dies verstärkte wiederum die **regionalen Missverhältnisse** in der landwirtschaftlichen Produktion.

Die **sozialen Auswirkungen** werden sehr unterschiedlich bewertet. Es waren vor allem die kapitalkräftigen Betriebe, die von den Neuerungen profitierten, während die landlose Agrarbevölkerung und die Kleinbauern die Hauptverlierer waren, da sie die Kosten für das spezielle Saatgut, für den Mineraldünger und die Schädlingsbekämpfungsmittel nicht aufbringen konnten. Kritisiert werden auch die **Umweltbelastungen**, wie das Wirkungsgefüge 10 und Ausführungen auf Seite 13 zeigen. Trotz aller Kritik an der Grünen Revolution sollte man sich vor Augen halten, dass sie dazu beitrug, Millionen von Menschen vor dem Hungertod zu bewahren. Untersuchungen haben zudem gezeigt, dass inzwischen auch die negativen sozialen Folgen vielerorts gemildert werden konnten.

Bewässerung

Aufgrund der in Kap. 1.1 geschilderten klimatischen Rahmenbedingungen ist die Nutzung der Trockenräume Pakistans, Nordwest- und Südindiens nur mit künstlicher Bewässerung möglich. Aber auch in anderen Regionen des Subkontinents, die von der Variabilität der Monsunniederschläge besonders betroffen sind, bringt erst die Bewässerung gesicherte Erträge. Darüber hinaus ermöglicht sie eine zweite oder – je nach Fruchtfolge – sogar dritte Ernte in einem Jahr. Durch zusätzliche Bewässerung wird aber nicht nur eine Steigerung der **Flächenproduktivität** ermöglicht, sondern auch der Anbau von Cash-Crops und damit ein Übergang von der **Selbstversorgungswirtschaft** zur **Marktproduktion**. Der Bewässerungswirtschaft kommt somit nicht nur eine Schlüsselrolle bei der Entwicklung des Agrarsektors zu. Sie leistet damit auch einen wichtigen Beitrag zur Beseitigung der ländlichen Armut.

Die Bewässerung hat auf dem Subkontinent eine lange Tradition. Eine starke Ausweitung erfuhr sie in der britischen Kolonialzeit seit Mitte des 19. Jahrhunderts und in jüngerer Zeit mit der Einführung der Grünen Revolution. Die drei wichtigsten Arten der Bewässerung sind die durch **Tanks**, Kanäle und durch Brunnen. Bei der **Kanalbewässerung** wird das Wasser mithilfe eines Wehrs aus Flüssen abgezweigt und auf die Felder geleitet. Eine ausreichende und gleichmäßige Wasserführung der Flüsse wird heute zudem durch Stauseen an deren

Oberlauf gewährleistet. Bei der **Brunnenbewässerung** wird die traditionelle, mithilfe von Büffeln betriebene Wasserförderung – mit ihr kann jeweils nur eine kleine Fläche bewässert werden – mehr und mehr durch Diesel- und Elektropumpen ersetzt. Sie wird vor allem beim Anbau hochwertiger Cash-Crops, wie Gemüse und Zuckerrohr, eingesetzt. Mit der Einführung der Diesel- und Elektropumpen wurde die Anlage von **Tiefbrunnen** ermöglicht. Sie können gezielter eingesetzt und schneller gebaut werden als die großen Kanalsysteme. Außerdem gewährleisten sie eine sicherere Wasserversorgung.
Aufgrund des hohen Wasserbedarfs kommt die Bewässerungswirtschaft inzwischen aber an ihre Grenzen. Nicht nur das Trinkwasser wird knapp. Auch die chemische **Belastung des Grundwassers**, u. a. durch den starken Einsatz von Düngemitteln und Pestiziden im Rahmen der Grünen Revolution, wird zu einem gravierenden Problem in vielen Gebieten. Fruchtbare Anbauareale gehen außerdem durch **Versalzungen** – in der Regel eine Folge unsachgemäßer Bewässerung – verloren. Bei der Nutzung des Wassers der großen Flüsse kommt es nicht selten zu Konflikten nicht nur zwischen einzelnen Bundesstaaten bzw. Provinzen, sondern auch mit Nachbarländern. Ein Beispiel für die **internationalen Konflikte** sind die Spannungen zwischen Indien und Pakistan um den Indus, die aber inzwischen dank des Indus Water Treaty geregelt scheinen. Die Spannungen zwischen Indien und Bangladesch um das Gangeswasser sind jedoch bis heute ungelöst.

Strukturprobleme im ländlichen Raum
In allen Ländern Südasiens dominieren **Klein- und Kleinstbetriebe**. Der überwiegende Teil der Betriebe besitzt nicht einmal 2 ha Land. Setzt man diese Wirtschaftsfläche als Mindestgröße für eine ausreichende Selbstversorgung, so heißt das, dass mehr als zwei Drittel der Bauernbetriebe nicht den notwendigen Bedarf von ihrem Land decken können. Ein rentables Wirtschaften ist auf diesen Flächen natürlich nicht möglich, und so ist auch hier ein Grund für die in einigen Ländern bis heute ungesicherte Nahrungsmittelversorgung zu suchen.

11 Landwirtschaftliche Kleinstbetriebe
Frithjof Kuhnen unter: www.professor-frithjof-kuhnen.de/publications/aspects-of-agrarian-structures/6-2-1.html, Juli 2011

	Durchschnittliche Betriebsgröße (ha)	Anteil der Betriebe unter 1 ha (%)
Bangladesch	1,3	54
Indien	2,0	55
Pakistan	k. A.	52
Nepal	1,2	66
Sri Lanka	1,5	78 (1,2 ha)

Der größte Teil des Landes gehört **Landlords** (Großgrundeigentümern), die aber vielfach das Land nicht selbst bearbeiten, sondern verpachten und dafür einen festgeschrieben Ernteanteil erhalten, ohne ertragserhaltende oder -steigernde Maßnahmen vorzunehmen (**Rentenkapitalismus**). Nicht selten steht zwischen den Landlords und den Pächtern noch eine Kette von Zwischenpächtern, die ebenfalls Gewinne von den Unterpächtern einfordern. Damit Letztere überhaupt ausreichende Erträge erwirtschaften können, müssen sie produktionssteigernde Maßnahmen und Mittel einsetzen. Sie müssen investieren – in Energie für die Pumpen, in Düngemittel, Herbizide und Pestizide. Das Kapital bekommen sie oft nur zu Wucherzinsen von privaten Geldverleihern. Das Ergebnis sind eine hohe **Verschuldung**, ein Leben in Unsicherheit und u. U. der Verlust ihres Landes an die Kapitalgeber. Aber auch Krankheiten, Dürren, Überschwemmungen oder hohe familiäre Kosten (z. B. für die Ausrichtung der Hochzeit einer Tochter) können eine Verschuldung auslösen. Erschreckendes Ergebnis dieser Situation ist die hohe Selbstmordrate unter den verschuldeten Bauern in den letzten Jahren vor allem in Indien und unter den Reisbauern Sri Lankas.
In den letzten Jahrzehnten haben die Regierungen mit diversen **Reformprogrammen** versucht, die Strukturprobleme in den ländlichen Regionen nachhaltig zu verbessern, z. B. durch die Bildung von Genossenschaften, durch den Ausbau der ländlichen Infrastruktur oder durch die Bildung von landwirtschaftlichen Kreditbanken. In diesem Zusammenhang ist auch die von dem Träger des Friedensnobelpreises Muhammad Yunus gegründete Grameen Bank zu nennen. Sie vergibt Mikrokredite an Arme, vor allem Frauen, die damit eine kleine bescheidene Existenz gründen können, z. B. durch den Kauf einer Kuh, eines Webstuhls oder von Saatgut. Die erste **Grameen Bank** wurde in Bangladesch gegründet, hat aber inzwischen viele Nachahmer in allen Ländern Südasiens und darüber hinaus gefunden.
Insgesamt erzielten die staatlich initiierten Programme zur Verbesserung der wirtschaftlichen Situation auf dem Land nur Teilerfolge. Trotz technischer Fortschritte in den letzten Jahrzehnten sind die strukturellen Defizite nach wie vor das größte Entwicklungshemmnis.

Plantagenwirtschaft. Neben den vor allem auf die Selbstversorgung ausgerichteten Betrieben stehen die **Plantagen**. Das sind landwirtschaftliche Großbetriebe, in denen hochwertige Nutzpflanzen wie Kautschuk, Tee oder Kaffee für den Weltmarkt angebaut werden. Sie haben sich auf wenige Produkte spezialisiert, arbeiten gewinnorientiert und verfügen vielfach über eigene Aufbereitungsanlagen. Das erfordert einen hohen Kapitaleinsatz, was wiederum die Tatsache erklärt, dass viele Plantagen sich im Besitz ausländischer, multinational agierender Unternehmen befinden.

1.4 Industrie und Dienstleistungssektor

Deindustralisierung: Ab- bzw. Rückbau der Industrie; in den Ländern Südasiens insbesondere die Zerschlagung der heimischen Industrie durch die Kolonialmacht England.
Disparitäten: Ungleichheiten zwischen Ländern bzw. Regionen, die sich in unterschiedlichen Entwicklungsständen äußern (regionale Disparitäten); als soziale Disparitäten bezeichnet man die sozialen Gegensätze innerhalb einer Bevölkerung.
East India Company: Handelsgesellschaft, die durch die englische Krone einen Freibrief erhielt, auf dem indischen Subkontinent sämtlichen Handel zu betreiben; ausgestattet mit weiteren Rechten entwickelte sie sich dort zwischen 1600 und 1858 de facto zu einem Staat im Staat.
Exportproduktionszone: speziell ausgewiesene Zone in einem Land, in dem zur Förderung der Exporte Beschränkungen gelockert bzw. abgeschafft sind und besondere Vergünstigungen gewährt werden, z. B. Steuererleichterungen.
Freihandelszone: Zusammenschluss mehrerer Länder zu einem Wirtschaftsraum, in dem die Außenhandelsbeschränkungen untereinander abgeschafft sind.
Grundstoffindustrie (Produktionsgüterindustrie): diejenigen Industriezweige, die Grundstoffe herstellen, die noch weiterverarbeitet werden müssen, z. B. Papier-, Stahl-, chemische Industrie.
Hightech-Industrie: Industriezweige, die die neuesten Techniken einsetzen bzw. Produkte der Hochtechnologie herstellen.
Informeller Sektor: jener Zweig der Wirtschaft, der weder von der Steuer erfasst noch von anderen gesetzlichen Vorschriften geregelt wird; häufig auch als „Schattenwirtschaft" bezeichnet.
Investitionsgüterindustrie: diejenigen Industriezweige, die Güter herstellen, die nicht zum Verbrauch bestimmt sind, sondern zur Herstellung oder zum Transport anderer Güter.
Liberalisierung: in der Wirtschaftspolitik Abbau von staatlichen Eingriffen und Vorschriften; der Begriff wird vielfach gleichgesetzt mit wirtschaftlicher Privatisierung und Deregulierung.
Manufaktur: Frühform des Industriebetriebes, der bereits typische industrielle Merkmale wie Arbeitsteilung, Maschineneinsatz und Serienfertigung aufweist; alte Handwerkstechniken blieben allerdings noch erhalten.
Marktwirtschaft: Wirtschaftsordnung, in der Art und Umfang der Güterproduktion und die Verteilung der Güter direkt über den Markt und den Wettbewerb gesteuert werden; Kennzeichen: Privatbesitz an den Produktionsmitteln, Preisbildung durch Angebot und Nachfrage, freier Wettbewerb, unabhängige Produktionsplanung.
Planwirtschaft: Wirtschaftsordnung, in der der Staat bzw. dessen Planungsorgane die wirtschaftlichen Aktivitäten regeln.
Schwerindustrie: Bezeichnung für die Eisen- und Stahlindustrie; vielfach wird auch der Erz- und Steinkohlenbergbau mit einbezogen, in diesem Fall spricht man von der Montanindustrie.
Verbrauchsgüterindustrie/Konsumgüterindustrie: diejenigen Industriezweige, die Güter für den unmittelbaren Verbrauch (z. B. Schuhe, Nahrungsmittel) oder für den langjährigen Gebrauch (z. B. Möbel, Fernseher) herstellen.

Allgemeine wirtschaftliche Entwicklung
Die industrielle Entwicklung des indischen Subkontinents setzte keineswegs mit Erlangen der Unabhängigkeit ein. Bereits in vorkolonialer Zeit existierten z. B. in Indien ein hochentwickeltes **Handwerk** und die ersten **Manufakturen**. Die meisten Handwerker arbeiteten zwar in Dörfern und hatten sich aufgrund der Kastenzugehörigkeit auf bestimmte Produkte für den örtlichen Bedarf spezialisiert. Die Produkte gelangten aber nicht in einen größeren Wirtschaftskreislauf. Anders war die Situation beim städtischen Handwerk, das Luxusgüter von hoher Qualität für die Fürstenhöfe herstellte. Vor allem Baumwollstoffe und Seide gehörten zu den wichtigsten Gütern, die auch überregional gehandelt wurden. So war die indische Textilmanufaktur Weltmarktführer bei Musselin, einem besonders feinen Gewebe.

Koloniale Deindustrialisierung. Unter der englischen Kolonialherrschaft durchlief Südasien eine Phase der **Deindustrialisierung**. Die industriellen Ansätze wurden großenteils zerstört, da sie den Interessen der Kolonialherren widersprachen. Belieferte z. B. die indische Baumwollindustrie anfänglich noch den britischen Markt mit Qualitätswaren, war nach dem Aufkommen der Baumwollspinnereien und -webereien für England nur noch der Rohstoff Baumwolle interessant. Die Verarbeitung erfolgte in den Industriestädten Großbritanniens, von wo aus die Baumwollstoffe nach Indien und in andere Kolonien exportiert wurden. Auf dem indischen Subkontinent selbst investierten die Briten lediglich in solche Industriezweige, bei denen sie mit einem hohen Gewinn rechnen konnten oder die unentbehrliche Produkte für ihre Interessen herstellten, z. B. die Juteindustrie in Kolkata (Kalkutta) für Verpackungsmaterial und Säcke zum Transport der Rohjute aus Bengalen nach Dundee oder der Steinkohlenbergbau zur Versorgung der Eisenbahnen und Dampfschiffe.
Einen ersten Aufschwung erlebte die Industrie in Südasien durch die beiden Weltkriege. Indien stellte nicht nur Hunderttausende von Soldaten, sondern lieferte auch kriegswichtige Güter, z. B. Textilien für Uniformen oder Eisen und Stahl für die Rüstungsindustrie. Aber auch andere Zweige, wie der Maschinenbau und die pharmazeutische Industrie erhielten wichtige Impulse. Bis zum Zeitpunkt der Unabhängigkeit hatte sich Indien jedoch kaum über die erste Stufe der Industrialisierung hinaus entwickelt. Die Situation in den anderen südasiatischen Ländern war noch rückständiger.

Industrieller Aufbau nach der Unabhängigkeit. Beeindruckt von der Sowjetunion, der es gelungen war mit planwirtschaftlichen Mitteln den zaristischen Agrarstaat in kurzer Zeit in eine Industrienation umzuwandeln, begannen die südasiatischen Länder nach 1947 damit, die kolonialen Wirtschaftsstrukturen grundlegend zu transformieren. Alle Ländern übernahmen dabei Elemente der sozialistischen **Planwirtschaft**, allerdings in abgewandelter Form, d. h. neben den zentralverwaltungswirtschaftlichen Elementen nach sowjetischem Vorbild blieben marktwirtschaftliche Merkmale bestehen, deswegen auch als „Mischwirtschaft" („mixed economy") bezeichnet.

Das Konzept der **Mischwirtschaft** in Indien sah vor, dass die Grund- und Schlüsselindustrien (Rüstung, Kraftwerke, Bergbau, Stahlwerke, Mineralölgewinnung, Luftfahrtindustrie u.a.m.) dem Staat vorbehalten blieben. Privatunternehmen durften in diesem Bereich keine Betriebe errichten. Die Konsumgüterindustrie (Textil-, Lebens- und Genussmittelindustrie), die Landwirtschaft und das Handwerk blieben der Privatwirtschaft offen. Unter staatlicher Kontrolle standen aber auch der Finanzsektor und die Außenwirtschaft. Um die Entwicklung der heimischen Industrie zu schützen, erschwerte man den Zugang ausländischer Erzeugnisse, z. B. durch Einfuhrverbote und hohe Importzölle. So wollte man den Import ausländischer Güter durch solche aus eigener Herstellung ersetzen (**Importsubstitution**). Die langfristigen Ziele der Mischwirtschaft waren:

- die Überwindung der wirtschaftlichen Schwierigkeiten, die durch den Zweiten Weltkrieg und die Teilung des Subkontinents entstanden waren,
- ein gezieltes Wachstum der Industrie als Motor der gesamtwirtschaftlichen Entwicklung,
- die Schaffung von Arbeitsplätzen,
- eine möglichst große Unabhängigkeit von Importen,
- der Abbau regionaler und sozialer Disparitäten.

So förderte der indische Staat auch Gebiete, die nicht die günstigsten Standvoraussetzungen für eine Industrialisierung besaßen, wie z. B. die „Industrieinseln" Rourkela und Bhilai (Hüttenindustrie). Damit entstanden Industriestandorte, die im Gegensatz zu den industrialisierten Hafenstädten im Binnenland lagen. Von ihnen gingen aber nur ganz bescheidene Impulse für die wirtschaftliche Entwicklung des Umlandes aus, sodass auch die krassen regionalen Disparitäten kaum nennenswert abgebaut wurden. Ja, die rückständigen Gebiete („**backward regions**") fielen gegenüber den Wachstumsregionen, d.h. vor allem den großen Hafenstädten und Metropolen, immer weiter zurück. Ein wichtiger Grund lag in der schlechten Verkehrserschließung und den dadurch verursachten hohen Transportkosten.

Zur Schaffung von Arbeitsplätzen und zur Ausbreitung der Industrie in ländliche Räume wurde eine Reihe von **Industrial Estates** errichtet. Darunter versteht man in sich geschlossene Areale zur Ansiedlung von vor allem Klein- und Mittelbetrieben. Die Industrial Estates sind in der Regel infrastrukturell gut ausgestattet, verlangen geringe Pachtzinsen und ermöglichen die gemeinsame Nutzung von Dienstleistungen, Lagerräumen etc. Mit ihnen sollten vornehmlich private Investoren angelockt werden. Obwohl Indien weltweit die größte Zahl an Industrial Estates aufweist, konnten mit diesem Instrument die regionalen Disparitäten auch nicht grundlegend abgebaut werden.

Als Folge der gewachsenen Strukturen und der Industriepolitik nach der Unabhängigkeit ergab sich ein Standortmuster, das durch ein ausgesprochenes regionales Ungleichgewicht gekennzeichnet war. Die Großstädte Mumbai (Bombay), Kolkata (Kalkutta) und Chennai (Madras), die schon in britischer Zeit Hauptknotenpunkte des Eisenbahnverkehrs waren, stellen die mit Abstand dominierenden Industriestandorte dar. Als Hauptumschlagsplätze blieben sie auch in der frühen Industrialisierungsphase des unabhängigen Indiens besonders begünstigt. Alle anderen Bundesstaaten bzw. Staaten lagen gleichsam im tiefen „Entwicklungsschatten" dieser drei Industriezentren.

Aus heutiger Sicht waren die Resultate der mixed economy eher bescheiden. Der Selbstversorgungsgrad mit industriellen Gütern war zwar hoch und die Industrie relativ breit aufgestellt. Die meisten Betriebe arbeiteten jedoch im internationalen Vergleich unrentabel und die Erzeugnisse waren auf dem Weltmarkt qualitativ und preismäßig nicht konkurrenzfähig. Steigende Staatsausgaben für Verteidigung und Subventionen und eine Verknappung der Devisenbestände führten in den Jahren 1989 bis 1991 zu einer Wirtschafts- und Finanzkrise. Dies und die Verteuerung der Ölpreise im Zuge des Ersten Golfkrieges (1990/1991), der Zusammenbruch des Außenhandels mit den ehemaligen Ostblockstaaten und eine exorbitante Verschuldung erforderten vom indischen Staat eine rigorose Kehrtwende in der Wirtschaftpolitik.

Marktwirtschaftliche Öffnung 1991. Drei Schlagworte kennzeichnen die neue Wirtschaftspolitik: **Privatisierung**, **Deregulierung** und **Liberalisierung**.

Das Reformpaket der Regierung umfasste im Wesentlichen drei Hauptinstrumente:

1. Im Rahmen eines umfassenden Sparprogramms wurden die Staatsausgaben stark gekürzt, vor allem durch die Streichung von Subventionen.
2. Der Außenhandel wurde liberalisiert, um den Umfang der Ex- und Importe zu erhöhen, die Handelsbeziehungen mit dem Ausland zu beleben und so Devisen zu erwirtschaften.
3. Der Binnenmarkt wurde dereguliert: Private Unternehmer erhielten Zugang zu den meisten der ehemals vom Staat kontrollierten Schlüsselindustrien, darunter auch zum Bankwesen.

Ein Erfolg dieser Maßnahmen setzte bereits kurz nach der Verabschiedung des Reformprogramms ein. Das indische BIP wuchs in den Folgejahren um durchschnittlich sieben Prozent. Damit wies das Land das zweithöchste Wachstum aller asiatischen Staaten auf. Übertroffen wurde es nur von China.

Der wirtschaftliche Erfolg wird jedoch zwiespältig beurteilt. Er hat, so die Kritiker, keine umfassende Verbesserung des

Lebensstandards gebracht. Nutznießer waren vor allem die Oberschicht und die wachsende Mittelschicht in den Städten, während der ländliche Raum kaum am Fortschritt teilhatte. Obwohl das Durchschnittseinkommen gestiegen ist, verfügen immer noch ca. 80 Prozent der Inder über weniger als 2 US-Dollar am Tag, sind also als absolut arm einzustufen. Entsprechend gehört Indien in der Klassifikation der Weltbank auch zurecht zur Gruppe der Entwicklungsländer.

Struktur und Perspektiven der Wirtschaft in den südasiatischen Ländern

Indien. Zu den Hauptcharakteristika der indischen Wirtschaft gehört die nach wie vor geringe Bedeutung der verarbeitenden Industrie. Mit einem Anteil von 27 Prozent am BIP liegt sie weit hinter dem des Dienstleistungssektors (55 Prozent) zurück. Ein spürbarer Abbau der **Massenarmut** kann aus Sicht der indischen Regierung jedoch am ehesten durch die Schaffung von Arbeitsplätzen in der Industrie bzw. im Verarbeitenden Gewerbe erfolgen. Der Anteil am BIP stagniert hier allerdings seit Jahren.

Eine weitere Problematik liegt darin, dass nur ca. 10 Prozent aller Beschäftigten in einem vertraglich geregelten Arbeitsverhältnis stehen. Der Rest wird dem **informellen Sektor** zugerechnet. Deswegen sind auch die Angaben zur Arbeitslosigkeit in Tabelle 12 mit Vorsicht zu interpretieren.
Obwohl im Zuge der Reformen die Außenwirtschaft liberalisiert wurde, ist Indien – jedenfalls im Vergleich zu den westlichen Industrieländern und zu China – nur schwach in die Weltwirtschaft integriert. Sein Anteil am Welthandel beträgt nicht einmal 2 Prozent. Demgegenüber hat China bereits einen Anteil von 8 Prozent (Daten für 2009).

Insgesamt werden die gesamtwirtschaftlichen Perspektiven für Indien jedoch positiv eingeschätzt. Dafür sprechen die Größe der indischen Volkswirtschaft, das anhaltend hohe Wirtschaftswachstum, die stark ansteigenden Auslandsinvestitionen, der hohe Anteil der arbeitsfähigen Bevölkerung zwischen 15 und 65 Jahren und die wachsenden staatlichen Investitionen in den Bildungssektor.

Ein Blick auf die anderen südasiatischen Länder. Zwiespältig sind die Erfolge auch in den anderen Ländern Südasiens. In Sri Lanka, Pakistan und auch in Bangladesch hatte man schon vor Indien mit einer Liberalisierung der Wirtschaftspolitik begonnen. So öffnete Sri Lanka bereits 1977 seine Importmärkte und den Devisenhandel. Pakistan leitete 1981 eine Handelsliberalisierung ein und privatisierte in den 1990er-Jahren zahlreiche Staatsbetriebe bzw. öffnete den Dienstleistungssektor (z. B. Banken, Versicherungen, Telekommunikation, Transportwesen) für private Investoren. Bangladesch liberalisierte ab 1980 schrittweise seine Wirtschaft und holte ausländische Investoren ins Land, so u. a. in der Bekleidungsindustrie, die sich mit staatlicher Unterstützung in eigens geschaffenen **Exportproduktionszonen** niederlassen konnten.

Wie in Indien sind auch hier die Auswirkungen ambivalent zu beurteilen. Das Wirtschaftswachstum ist erfreulich. Vom Aufschwung profitieren aber nur einige wenige Zweige und Regionen, die Einkommensschere öffnet sich weiter, die Zahl der Armen nimmt eher zu als ab. Problematisch sind auch die hohe Auslandsverschuldung und die Inflationsraten, die im Durchschnitt bei über 10 Prozent liegen – mit einem Maximum von 22,6 Prozent in Sri Lanka (200 $).

12 Wirtschaftliche Kenndaten der südasiatischen Länder

Der Fischer Weltalmanach 2011. Frankfurt: Fischer Taschenbuch Verlag 2010, verschiedene Seiten

	BIP 2008/2009 (Mrd. US-$)	Energieverbrauch je Ew. in kg Öleinheiten (2007)	Arbeitslosigkeit 2007 (%)	Außenhandelssaldo 2008 (Mrd. US-$)	Inflationsrate 2008/2009 (%)	Auslandsverschuldung 2008 (Mio. US-$)
Bangladesch	92,1	163	k. A.	−10,2	5,3	23 644
Bhutan	1,3	k. A.	k. A.	−0,2	8,4	692
Indien	1 236,0	529	3,1	−134,0	10,9	230 611
Malediven	1,3	k. A.	k. A.	−0,9	12,3	987
Nepal	8,8	338	k. A.	−0,7	10,4	3 685
Pakistan	164,5	512	13,6	−9,4	20,3	49 337
Sri Lanka	40,6	464	5,2	−5,3	22,6	15 154

Indien auf dem Weg zur Dienstleistungs- und Informationsgesellschaft?

Die Wahrnehmung Indiens als „kommende Weltwirtschaftsmacht" beruht vor allem auf seinen Erfolgen in der **Software-Industrie**. Als 2000 in Deutschland eine „Greencard-Regelung eingeführt wurde, die es unter anderem indischen Computerspezialisten erlaubte in Deutschland eine Arbeit aufzunehmen, erregte das bei uns großes Aufsehen. Ausgerechnet aus einem Land, in dem etwa die Hälfte der Erwachsenen Analphabeten sind, sollten hoch qualifizierte Experten die mit heimischen Fachkräften nicht zu besetzenden freien Stellen ausfüllen.

Gleichsam über Nacht war Indien zu einer führenden Software-Nation geworden. Seit 1991 weist die indische Software-Industrie jährliche Wachstumsraten von über 50 Prozent auf. Heute gilt das Land als weltweit führend in der Softwareproduktion und -anwendung. Dies ist auch insofern ungewöhnlich, als Indien nicht, wie die meisten anderen Entwicklungsländer, den Schritt von einem Agrarstaat über die Massenproduktion von Industriegütern zu einem Industriestaat getan hat, bevor der Dienstleistungssektor zum bedeutendsten Wirtschaftsbereich wurde. Motor des wirtschaftlichen Wachstums war in Indien seit Beginn der Liberalisierungspolitik vielmehr der **IT-Sektor**, der eigentlich dem Dienstleistungsbereich zuzurechnen ist. Insofern ist auch die Bezeichnung IT-Industrie nicht ganz korrekt. Er hat sich aber allgemein eingebürgert.

Die Entwicklung der indischen IT-Branche ging von einigen wenigen Standorten aus wie Bangaluru (Bangalore), Hyderabad, Pune, Mumbai (Bombay), Chennai (Madras) und Kolkata (Kalkutta). 1990 wurde bei Bangaluru ein „Software Technology Park" als **Freihandelszone** eingerichtet. Die liberale Wirtschaftspolitik erlaubte ausländischen Unternehmen den ungehinderten Zugang zum indischen Markt und die Möglichkeit von Direktinvestitionen. Anziehend wirkten für ausländische Unternehmen zum einen günstige Konditionen von Seiten des indischen Staates und zum anderen ein gut ausgebildetes Fachpersonal bei gleichzeitig geringen Arbeitskosten. Es setze ein regelrechter Zuzugsboom internationaler Software-Firmen ein, von dem auch indische Unternehmen profitierten. Heute sind alle namhaften internationalen IT-Konzerne in Indien vertreten. Gestützt wurde die Entwicklung maßgeblich durch militärische Forschungsaufträge der indischen Regierung (Auseinandersetzungen mit dem Nachbarstaat Pakistan, Aufrüstung zur Atommacht).

Im Zuge der Globalisierung übernimmt Indien zunehmend Aufgaben eines **„back offices"** für ausländische Unternehmen, die Verwaltungsarbeiten nach Indien auslagern. Bei den EDV-Dienstleistungen ist Indien sogar zum weltweit größten Exporteur geworden. Dank der **Dienstleistungsexporte** der IT-Branche ist die Dienstleistungsbilanz positiv, was zu einer Entlastung der traditionell negativen **Außenhandelsbilanz** beiträgt.

Fortschritte auch in anderen Branchen. Es wäre jedoch falsch, Indiens wirtschaftliche Fortschritte ausschließlich der IT-Branche zuzuschreiben. Auch in anderen Bereichen entwickelt sich das Land zu einem ernsthaften Konkurrenten auf dem Weltmarkt, so in der Bio- und Gentechnologie, in der Pharmazie, in der Medizintechnik, aber auch in der Rüstung und der Weltraumforschung.

Beachtlich sind die Erfolge ferner in der **Konsum- und Investitionsgüterindustrie**, die aber vornehmlich für den Binnenmarkt produzieren, z. B. Automobile und Elektroartikel. In der wachsenden Mittelschicht findet sie hier inzwischen einen großen Absatzmarkt. Einige private Großunternehmen werden im weltweiten Vergleich in ihrer Branche inzwischen zur Spitzengruppe gezählt, wie z. B. Telco (Nutzfahrzeuge) oder Hero Honda Motors (Motorräder).

Ein weiteres Kennzeichen der indischen Wirtschaft ist ihre **duale Struktur**. Großunternehmen, die kapitalintensiv und automatisiert Massenprodukte herstellen, stehen Kleinstbetrieben gegenüber, die in Hinterhöfen aus dem Großstadtmüll in unzähligen Prozessen des Recycelns einfache Gebrauchsgüter produzieren.

Schwächen und Risiken. Alle Experten sind sich darin einig, dass Indien auch künftig günstige Wachstumsaussichten hat. Sie sehen aber auch Schwächen.

Als problematisch ist die starke Abhängigkeit der indischen Wirtschaft von den Branchen der Hochtechnologie zu sehen. Deren Beschäftigungseffekte sind schwach und konzentrieren sich auf die Mittelschicht und die Städte. Der ländliche Raum, indem noch immer der überwiegende Teil der Bevölkerung lebt, hat so gut wie keinen Anteil daran.

Eines der größten Risiken für die weitere Entwicklung liegt in den krassen sozialen Gegensätzen. Der gesamtwirtschaftliche Aufschwung konnte bis heute noch keine Breitenwirkung entfalten. Die Mittelschicht und die Zahl der Superreichen wachsen zwar, aber auch die Zahl der Armen nimmt zu. Damit fehlt auf Dauer das nötige Käuferpotenzial für den Absatz einer erweiterten Produktion.

Schließlich wird sich künftig auch die hohe Analphabetenquote als ein ernstes Hindernis erweisen, da auf längere Sicht das nötige, gut ausgebildete Fachpersonal für eine „moderne Wirtschaft" fehlt.

Ausländische Investoren bemängeln vor allem Defizite in der Infrastruktur, besonders im Verkehrswesen und in der Energieversorgung, beides unabdingbare Voraussetzungen für eine konstante Wirtschaftsentwicklung.

Gerade diese Schwächen und Defizite lassen es als unwahrscheinlich erscheinen, dass Indien die Phase der Industrialisierung überspringen und sich gleich als Dienstleistungswirtschaft in die Gruppe der „postindustriellen" Länder eingliedern wird.

1.5 Verstädterung und Megapolisierung

Agglomeration: räumliche Ballung von Bevölkerung, Wirtschaft (insbesondere Industrie, Gewerbe, Dienstleistungen) sowie Infrastruktureinrichtungen.

Index of primacy: Quotient zwischen der Einwohnerzahl der größten und zweitgrößten Stadt eines Landes; Indikator für die Demographische **Primacy**.

Megalopolis: aus mehreren Großstädten zusammengewachsene, weitgehend zusammenhängend bebaute Stadtlandschaft mit eingelagerten Metropolen.

Megapolisierung: Ausbildung riesiger Bevölkerungsballungen im Zuge des Verstädterungsprozesses.

Megastadt: Metropole mit mindestens 10 Mio. Einwohnern, einer hohen Bevölkerungsdichte und einer monozentrischen Struktur (im Unterschied zu einer polyzentrischen Agglomeration oder Megalopolis, die aus mehreren Städten besteht).

Metropole: Stadt mit einer Mindestgröße von 1 Mio. Einwohnern sowie im nationalen Maßstab wichtigen politischen, wirtschaftlichen, kulturellen und gesellschaftlichen Funktionen.

Metropolisierung: Verstädterungsprozess, der – besonders in Entwicklungs- und Schwellenländern – auf eine einzige Stadt, meist die Hauptstadt, ausgerichtet ist, sodass diese zur das ganze Land beherrschenden Metropole wird.

Primacy:
1. demografische Primacy kennzeichnet das bevölkerungsmäßige Übergewicht einer Metropole.
2. funktionale Primacy erfasst die hohe Konzentration von politisch-administrativen, wirtschaftlichen, sozialen sowie kulturell-wissenschaftlichen Funktionen und insbesondere auch von Macht- und Entscheidungsträgern in der jeweiligen Metropole eines Landes.

Primatstadt (primate city): Großstadt, die hinsichtlich ihrer Einwohnerzahl und Bedeutung alle anderen Städte eines Landes überragt.

Urbanisierung: häufig synonym zu Verstädterung verwendeter Begriff; im engeren Sinne erfasst Urbanisierung die Ausbreitung städtischer Bau- und Siedlungsformen, Haushaltsstrukturen (z. B. Singles), Konsummuster und Wertvorstellungen in den ländlichen Raum.

Verstädterung:
1. Wachstum der Städte eines Landes hinsichtlich ihrer Einwohnerzahl und Fläche.
2. Zunahme der Städtezahl in einem bestimmten Raum.
3. Zunahme des Anteils der Menschen, die in Städten leben, an der Gesamtbevölkerung eines Landes.

Verstädterungsgrad: Anteil der Stadtbevölkerung an der Gesamtbevölkerung eines Gebietes, einer Region oder eines Staates.

Verstädterungsrate: Zuwachs der städtischen Bevölkerung bzw. des Verstädterungsgrades in einem bestimmten Zeitraum.

Verstädterung: Dimensionen, Ursachen, Folgen

Gegenwärtig wächst die Weltbevölkerung um etwa 80 Mio. Menschen pro Jahr. Mehr als 60 Millionen dieser neuen Erdenbürger werden ihren Lebensraum in den Städten suchen und finden – das sind jeden Tag 165 000 Stadtbewohner mehr, pro Sekunde also ungefähr zwei Einwohner. Seit dem Jahr 2008 lebt mehr als die Hälfte der Weltbevölkerung in urbanen Räumen. Wir sind eingetreten in das „Jahrtausend der Städte".

Aber dieses Wachstum der Stadtbevölkerung weist starke regionale Unterschiede auf. In den entwickelten Ländern schwächt sich der **Verstädterungsprozess** deutlich ab. Hier leben bereits heute über 75 % der Bevölkerung in urbanen Räumen. Arbeitsplätze werden aus den großen Städten in kleinere verlagert, Menschen verlassen die Ballungszentren, um sich an deren Rändern oder im ländlichen Raum anzusiedeln.

Ganz anders die Situation in den Entwicklungs- und Schwellenländern. Hier wird sich die Zahl der Stadtbewohner in den nächsten 30 Jahren voraussichtlich verdoppeln, von jetzt zwei auf vier Milliarden Menschen.

Die räumlichen Schwerpunkte des gegenwärtigen Verstädterungsprozesses liegen in Afrika und Asien (Tabelle 13). Ausgehend von einem insgesamt noch sehr niedrigen **Verstädterungsgrad** vollzieht sich hier eine Entwicklung, die die westlichen Industrieländer bereits im 19. Jh. durchlaufen haben. Das Wachstum der Städte in den meisten Ländern Afrikas und Asiens entfaltet dabei eine ungeheure Dynamik. Die Zunahme der urbanen Bevölkerung erreicht Dimensionen, die von den städtischen Verwaltungen nicht mehr bewältigt werden können. So erfolgt der Verstädterungsprozess weitgehend ungesteuert und führt zu einer völligen Überforderung der vorhandenen Infrastruktur. Auch für europäische Großstädte würde ein Wachstum in den Größenordnungen von 2,3 % bis 3,4 % eine nur schwer lösbare Aufgabe darstellen. Berlin müsste in einem solchen Fall jährlich ca. 100 000 Neubürger versorgen!

Ein Blick auf das Untersuchungsgebiet Südasien ergibt ein differenziertes Bild. Innerhalb des gesamtasiatischen Raumes weist Südasien gegenwärtig die höchste **Verstädterungsrate** auf. Seine einzelnen Länder sind aber in unterschiedlichem Maße von der Entwicklung betroffen (Tabelle 12).

13 Verstädterungsgrad und Verstädterungsrate ausgewählter Regionen und Länder

Bevölkerungsfonds der Vereinten Nationen UNFPA (Hrsg.): Weltbevölkerungsbericht 2010. Kurzfassung. Herausgeber der deutschen Kurzfassung: Deutsche Stiftung Weltbevölkerung (DSW). Hannover 2010. S. 49–54 http://www.weltbevoelkerung.de/oberes-menue/publikationen-downloads/zu-unseren-themen/unfpa-weltbevoelkerungsbericht.html

Region oder Land	Bevölkerung 2010 (in Mio.)	Durchschnittl. Bev.-wachstum 2005–2010 (in %)	Verstädterungsgrad 2010 (in %)	Verstädterungsrate 2005–2010 (in %)
Weltweit	**6 908,7**	**1,2**	**50**	**1,9**
Afrika	**1 033,0**	**2,3**	**40**	**3,4**
Asien	**4 166,7**	**1,1**	**42**	**2,3**
Ostasien	1 564,0	0,6	50	2,2
Südasien	1 780,4	1,5	32	2,4
Südostasien	589,6	1,2	42	2,2
Westasien	232,7	1,9	67	2,3
Europa	**732,8**	**0,1**	**73**	**0,4**
Lateinamerika & Karibik	**588,6**	**1,1**	**80**	**1,6**
Nordamerika	**351,7**	**1,0**	**82**	**1,3**
Ozeanien	**35,8**	**1,3**	**70**	**1,3**
Bangladesch	164,7	1,4	28	3,2
Buthan	0,7	1,7	35	4,0
Indien	1 214,5	1,4	30	2,3
Malediven	0,3	1,4	40	4,9
Nepal	29,9	1,8	19	5,0
Pakistan	184,8	2,2	36	3,0

14 Ursachen der Verstädterung

„An erster Stelle [der Ursachen] steht das ‚natürliche' Eigenwachstum der Stadtbevölkerung aufgrund des Überschusses der Geburten über die Sterbefälle. Hinzu kommen die städtischen Nettogewinne der Migrationsbewegungen zwischen Stadt und Land. Außerdem erhöht sich die ... Stadtbevölkerungszahl durch Klassifizierung vormals ländlicher Lokalitäten als nunmehr städtische Gebiete. Das Gewicht der einzelnen Faktoren ist je nach Region unterschiedlich: In Entwicklungsländern – ohne China – ist jedoch nach wie vor das ‚natürliche' Wachstum der Stadtbevölkerung der Hauptfaktor.
Die durchschnittliche Kinderzahl je Frau ist in den Städten der Entwicklungsländer geringer als auf dem Lande ... [Das] wird aber kompensiert durch die dort jüngere Altersstruktur. Denn es sind überproportional jüngere Menschen, ... die in die Stadt migrieren und damit zum Wachstum der Zahl potenzieller Eltern ... beitragen."

Ingomar Hauchler u.a. (Hrsg.): Globale Trends 2002. Frankfurt am Main: Fischer Taschenbuch Verlag, S. 103

Der gegenwärtige dynamische Verstädterungsprozess führt wie in allen Entwicklungs- und Schwellenländern auch in Südasien zu gravierenden Problemen. Sie lassen sich wie folgt zusammenfassen:

1. soziale Segregation: immer größer werdende Kluft zwischen Armen und Reichen in den Städten,
2. räumliche Fragmentierung: enges Nebeneinander von inner- und randstädtischen Elendssiedlungen einerseits sowie modernen, weltstädtischen Stadtzentren und abgeschotteten Villenvierteln der Reichen,
3. wirtschaftliche Polarisierung: Ausprägung moderner, weltstädtischer Wirtschaftsbereiche (Gewerbe, Dienstleistungen) neben vielfältigen Formen des Existenzkampfes im informellen Sektor,
4. zunehmende Umweltgefährdung: Belastung der Ökosysteme durch Ballung von Bevölkerung, unkontrolliertes flächenhaftes Wachstum der Städte, Übernutzung der städtischen Infrastruktur, ungehemmte Ressourcenausbeutung und industrielle Produktion ohne ausreichende Auflagen zum Schutz der Umwelt.

15 Megastädte der Welt

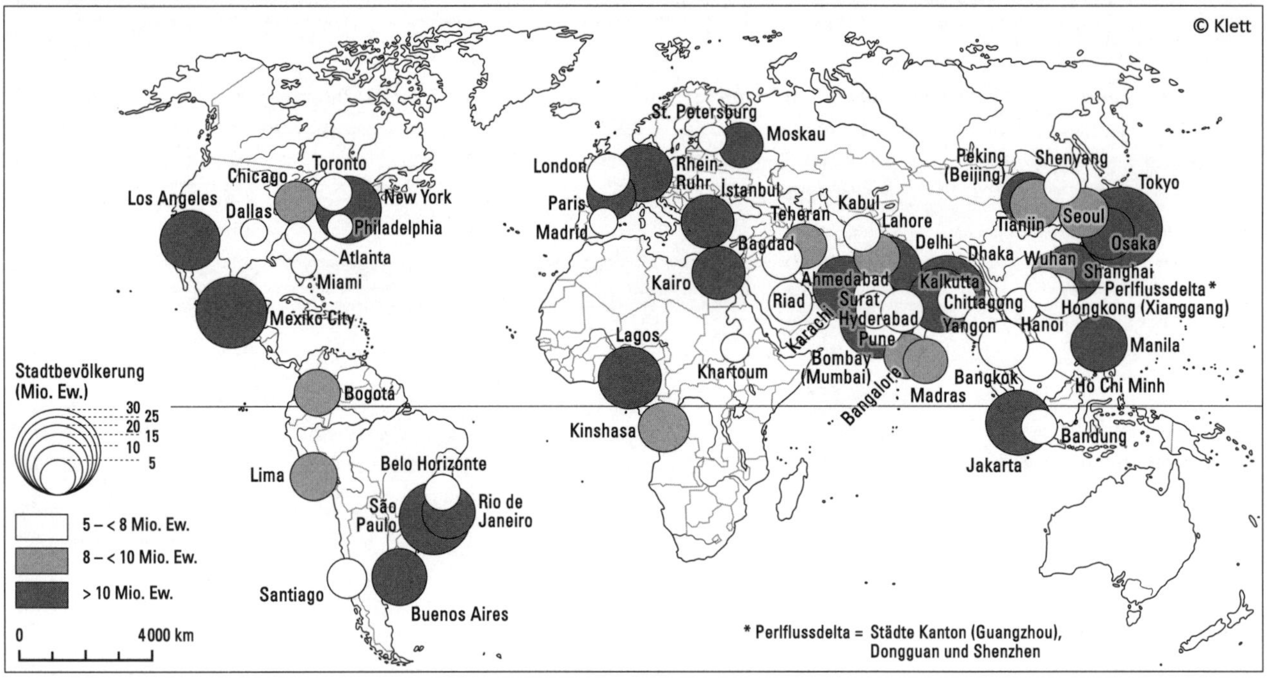

Megapolisierung: Ausmaß und Ursachen

Als Ergebnis des Verstädterungsprozesses sind weltweit riesige Bevölkerungsballungen entstanden, die heute mit Begriffen wie **Megastadt** oder **Megalopolis** bezeichnet werden. Besonders in Entwicklungsländern ist dabei der Konzentrationsprozess so weit fortgeschritten, dass oft über 25 % der Gesamtbevölkerung in der Hauptstadt leben. Das bevölkerungsmäßige Übergewicht dieser Metropole oder **primate city** wird als **demografische primacy** bezeichnet. Ihr Indikator ist der prozentuale Anteil der Metropole/Megastadt an der Gesamtbevölkerung eines Landes.

Ein weiterer gebräuchlicher Indikator ist der **Index of primacy**, der als Quotient zwischen der größten und zweitgrößten Stadt eines Landes definiert ist. Es ist allerdings zu beachten, dass sich in einer Reihe von Staaten – wie z. B in China oder Indien – in den letzten Jahren mehrere starke Metropolen nebeneinander entwickelt haben. Hier verlieren die vorgestellten Indizes ihre Aussagekraft.

Ohnehin lässt sich mit der Bevölkerungszahl allein und ihrem Zuwachs das Problem der Metro- und Megapolisierung nur ansatzweise erfassen. Viel wichtiger im Hinblick auf die Entwicklungsperspektiven eines Landes ist die **funktionale primacy**. Darunter versteht man die hohe Konzentration von politisch-administrativen, wirtschaftlichen, sozialen sowie kulturell-wissenschaftlichen Funktionen und insbesondere auch von Macht- bzw. Entscheidungsträgern in den Metropolen.

Gegenwärtig leben weltweit etwa 400 Mio. Menschen in Megastädten. Über 60 Prozent dieser Megastädte liegen in Entwicklungs- und Schwellenländern mit einer Gesamteinwohnerzahl von 250 Millionen. Einige Prognosen gehen davon aus, dass die Gesamtzahl der Megapolenbevölkerung bis 2015 auf über 600 Millionen Menschen in dann mehr als 600 Megastädten ansteigen wird.

Regionaler Schwerpunkt der Megapolisierung ist Asien, und hier vor allem Ost- und Südasien. Insbesondere in Südasien ist der Verstädterungsgrad insgesamt zwar noch sehr niedrig. Trotzdem weist dieser Raum eine beträchtliche Anzahl von Megastädten auf. Sie konzentrieren sich in erster Linie auf die Staaten Indien, Pakistan und Bangladesch.

Die Herausbildung von Megastädten stellt ein relativ junges Phänomen in der weltweiten **Urbanisierung** dar. Die Ursachen hängen mit massiven globalen Veränderungen zusammen und lassen sich wie folgt zusammenfassen:

- Wachstum der Städte durch Geburtenüberschuss und Land-Stadt-Wanderungen (Quellentext 14),
- Aufblühen urbaner Ökonomien mit dem Übergang zur Marktwirtschaft als Auslöser nationaler und internationaler Zuwanderungen,
- privatwirtschaftliche Standortentscheidungen zugunsten von Metropolen in Entwicklungs- und Schwellenländer mit entsprechender Sogwirkung für Arbeitskräfte aller Qualifikationsstufen.

1.6 Globalisierung – Chance für Südasien?

Ausländische Direktinvestitionen (ADI): Kapitalanlagen im Ausland durch Erwerb von Eigentumsrechten, z. B. an Immobilien, Niederlassungen, Geschäftsanteilen, Unternehmen.
Entwicklungsland: Land mit Rückständen in der sozialen und ökonomischen Entwicklung, mit hoher Agrarquote und z. T. Überbesatz im Tertiären (und auch informellen) Sektor sowie Mängeln in der Infrastruktur. Der Anteil am globalen Ressourcenverbrauch und an global wirksamen Emissionen ist dagegen gering.
Dienstleistungen: immaterielle Güter bzw. wirtschaftliche Leistungen, bei denen Produktion und Verbrauch zeitlich zusammenfallen und die deswegen nicht lagerfähig oder transportierbar sind; allgemein unterschieden wird zwischen konsumorientierten Dienstleistungen, d. h. solchen, die von Privatpersonen nachgefragt werden (z. B. Einzelhandel), und unternehmensorientierten Dienstleistungen, die von Unternehmen nachgefragt werden (z. B. Unternehmensberatung, Service).
GATT (General Agreement on Tariffs and Trade): 1947 abgeschlossenes Allgemeines Zoll- und Handelsabkommen, das den grenzüberschreitenden Handel durch den Abbau von Handelshemmnissen erleichtern soll; 1995 ersetzt durch die WTO
Globalisierung: seit Ende des 20. Jh. besonders dynamisch ablaufender Prozess, in dem Rohstoffbeschaffung, Produktion, Handel mit Gütern und Dienstleistungen, Kapital, Kommunikation und Technologie über nationale Grenzen hinweg zu einem Weltbinnenmarkt zusammenwachsen. Dabei nehmen die Kontroll- und Steuerungsmöglichkeiten der Nationalstaaten ab.
Global Player (multinationaler Konzern/Multi, transnationaler Konzern/TNC): Unternehmen, die am „weltweiten Spiel“ teilhaben, indem sie an verschiedenen Standorten in mehreren Ländern entwickeln, produzieren und vermarkten; Ausrichtung der Unternehmenspolitik nach den Vor- und Nachteilen der Länder (z. B. Lohn- und Steuerniveau, Umweltvorschriften, Zugang zu Märkten).
Handelshemmnisse, (tarifäre und nichttarifäre Handelsbeschränkungen): Maßnahmen, um Importe zu erschweren bzw. zu verhindern und so die heimische Wirtschaft zu schützen; man unterscheidet zwischen tarifären (z. B. Zölle) und nichttarifären (z. B. technische Normen, Sicherheitsbestimmungen, Subventionen zur Verbilligung der eigenen Produkte) Handelshemmnissen.
Newly Industrialized Country (NIC): Staat, der durch eine dynamische Wirtschaftsentwicklung Anschluss an die Industrieländer gefunden hat und heute auf vielen Feldern mit diesen kooperieren, aber auch konkurrieren kann; Beispiele sind die vier „Tigerstaaten“ Hongkong, Singapur, Taiwan, Südkorea, außerdem China, Indien (vgl. Schwellenland).
Schwellenland (Newly Industrialized Country): Land, das in seiner wirtschaftlichen Entwicklung gegenüber einem Entwicklungsland weit fortgeschritten ist und sich „an der Schwelle“ zum Industrieland befindet; Kriterium für die Zuordnung ist der Anteil der Industrie am BIP.
WTO (World Trade Organization): Welthandelsorganisation, in der Uruguay-Runde des GATT beschlossen und zum 01.01.1995 errichtet; Ziel ist die Verbesserung der wirtschaftlichen Lage der beteiligten Länder durch Schaffung der Rahmenbedingungen für einen fairen, liberalen Welthandel.

„Entwicklungs- und Schwellenländerländer – die Verlierer der Globalisierung“ und „Endlich Fortschritte in der Dritten Welt durch Globalisierung“ – in diesen beiden Thesen spiegeln sich die unterschiedlichen Antworten auf die Frage wider, welche Möglichkeiten die zunehmenden weltwirtschaftlichen Verflechtungen bieten.

Viele Globalisierungsskeptiker und auch die meisten Betroffenen sehen im Globalisierungsprozess die Hauptursache für die wachsende Kluft zwischen Arm und Reich. Sie verweisen darauf, dass sich die Zahl der Armen nicht verringert habe und dass viele Potenziale in den Entwicklungsländern ungenutzt bleiben. Sie kritisieren u. a., dass die weltweit operierenden Unternehmen sich aller nationalen Kontrollen entziehen und dass deren Produktionsverlagerungen in Billiglohnländer zu Arbeitsplatzverlusten in den weiter entwickelten und zur Ausbeutung in Entwicklungs- bzw. Schwellenländern führen.

Befürworter einer uneingeschränkten Öffnung des **Weltmarktes** verweisen auf die Tatsache, dass in den letzten drei Jahrzehnten eine ganze Reihe von Entwicklungsländern und die meisten Schwellenländer beachtliche wirtschaftliche Wachstumsraten verzeichnen konnten. Die Finanzkraft dieser Staaten sei so stark angestiegen, dass beträchtliche Mittel für den Aufbau einer tragfähigen Wirtschafts- und Infrastruktur bereitstünden. Sie verbinden mit der Globalisierung die euphorische Erwartung einer weltweiten Zusammenarbeit, die zu allgemeinem Wohlstand und zum Weltfrieden beiträgt.

Welcher der beiden Positionen ist eher zuzustimmen? Liefert die Analyse der wirtschaftlichen und sozialen Situation in den Ländern Südasiens weitere Argumente für die eine oder andere Seite? Wer sind dort die Akteure, Nutznießer oder Verlierer? Welche Folgen hat in diesen Ländern der Globalisierungsprozess für den Einzelnen?

16 Nützt Globalisierung den Entwicklungsländern?

„Im Zuge der Globalisierung können sich die einzelnen Länder auf Güter konzentrieren, bei deren Herstellung sie gegenüber anderen Staaten Vorteile haben. Die Industrieländer beispielsweise verfügen über reichlich Kapital und Know-how. Daher gehen dort vor allem Produkte vom Band, die intensive Forschung, gut ausgebildete Mitarbeiter und komplexe Maschinen benötigen. In den Entwicklungsstaaten dagegen mangelt es derzeit noch an Bildung und Investitionen – dafür werden relativ geringe Löhne gezahlt. Dementsprechend lohnt es sich für diese Nationen, insbesondere arbeitsintensive Güter wie Bekleidung, Spielzeug oder Agrarprodukte auf dem Weltmarkt anzubieten ...

Den in Entwicklungsländern beheimateten Unternehmen bieten sich vielfach nur sehr eingeschränkte Absatzmöglichkeiten. Zu klein sind die heimischen Märkte, zu arm ist die Bevölkerung. Gelingt dagegen den Firmen der Sprung auf den Weltmarkt, können sie mehr produzieren und dadurch in der Regel ihre Stückkosten reduzieren – was den Menschen in Afrika, Asien oder Südamerika in Form fallender Preise zugute kommt und die Wettbewerbsfähigkeit der Firmen erhöht.

Zudem schwappt im Gefolge von Dollar und Euro noch ein weiterer unverzichtbarer Treibstoff für die Wirtschaft ins Land: Wissen. Denn große multinationale Firmen führen an ihren Standorten in Asien oder Südamerika vielfach auch moderne Herstellungsverfahren ein und schulen das Personal. Zudem zeigen sie ihren Zulieferbetrieben, wie man hohe Qualitätsstandards erfüllt. Ein solcher Lernprozess fruchtet allerdings nur in Ländern, in denen die Menschen bereits einen ausreichenden Bildungsstand haben, um das neue Wissen anzuwenden."

Institut der Deutschen Wirtschaft © 2006, Deutscher Instituts-Verlag GmbH · Wirtschaft und Unterricht 5, 29.06.2006. Zit. nach: Karl Engelhard (Hg.): Welt im Wandel. OMNIA Verlag, Stuttgart 2007. S. 39–40

17 Handel mit Indien: Viel Potenzial für gute Geschäfte

„Dass die deutsche Wirtschaft in diesem Jahr [2011] um real etwa 3,5 Prozent wachsen kann, ist auch dem dynamischen Außenhandel zu verdanken ... Vor allem in den emporstrebenden Schwellen- und Entwicklungsländern sind Waren aus Deutschland zunehmend gefragt. Dies gilt auch für Indien ...

Die deutschen Warenexporte nach Indien sind zwischen 2000 und 2010 im Jahresdurchschnitt um 16 Prozent auf zuletzt 9,3 Milliarden Euro gestiegen ... Deutschland und Indien profitieren dabei von der jeweiligen Stärke des Handelspartners, wie der Blick auf die ge- und verkauften Waren zeigt (Grafik 18) ...

Das von deutschen Unternehmen in Indien angelegte Kapitel [Direktinvestitionen] hat sich zwischen 2006 und 2009 mehr als verdoppelt – auf 5,8 Milliarden Euro. Ende 2009 waren deutsche Firmen an gut 360 indischen Unternehmen beteiligt oder hatten auf dem indischen Subkontinent eigene Tochtergesellschaften, die zusammen mit fast 170 000 Beschäftigten einen Jahresumsatz von rund 14 Milliarden Euro erzielten."

Viel Potenzial für gute Geschäfte. © 2011, IW Medien GmbH · iwd 22, Informationen aus der deutschen Wirtschaft, Köln: 02.06.2011, Textnachdruck ab Seite: 7

Mögliche positive Effekte ausländischer Direktinvestitionen für das Empfängerland:
- Technologietransfer
- Zunahme industrieller Arbeitserfahrung
- Schaffung von Arbeitsplätzen
- Erhöhung der Kaufkraft
- Möglichkeiten zu sozialem Aufstieg für Beschäftigte
- erhöhtes Steueraufkommen
- verbesserte Außenhandelsbilanz
- Verbesserungen bei der Infrastruktur
- „trickle down"-Effekte (z. B. Nachfolgeaufträge für kleinere Zulieferer

18 Deutsch-Indischer Handel 2009

Nach: Viel Potenzial für gute Geschäfte. © 2011, IW Medien GmbH · iwd 22, Informationen aus der deutschen Wirtschaft, Köln: 02.06.2011, S. 7

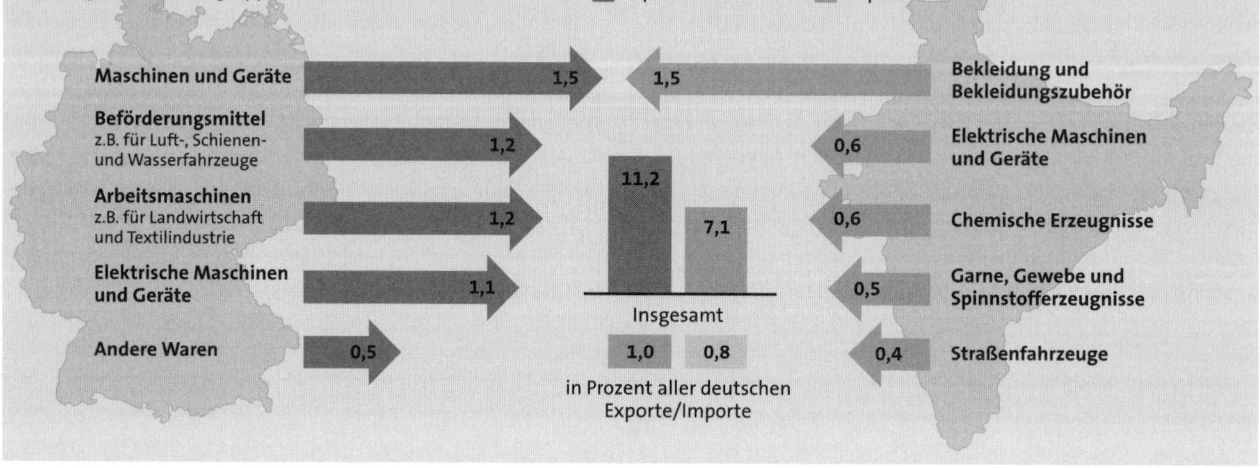

19 Indien: Preis des Wachstums

„Während das Bruttoinlandsprodukt mit acht bis zehn Prozent pro Jahr rapide wächst, Städte wie Hyderabad und Bangalore als ‚Cyberabad' und neues Silicon Valley gefeiert werden und die Zahl indischer Milliardäre zwischen 2006 und 2010 von 36 auf 69 angestiegen ist – mit einem Gesamtvermögen von etwa 250 Mrd. US-Dollar, was einem Fünftel der indischen Wirtschaftsleistung entspricht –, leben laut Weltbank noch immer 830 Millionen Inder von weniger als 20 Rupien (35 Euro-Cent) am Tag (Kaufkraftbereinigt entspricht das etwa zwei US-Dollar am Tag und damit der von der Weltbank definierten Armutsgrenze). In der 16-Millionen-Hypercity Mumbai (früher Bombay), wo die Immobilienpreise zu den höchsten der Welt gehören, lebt die Hälfte der Bevölkerung in Slums ohne Sanitäreinrichtungen und sauberes Trinkwasser. Durchschnittlich teilen sich hier 1500 Einwohner eine Toilette ...

Gearbeitet wird meistens zwölf Stunden am Tag, sieben Tage die Woche, oft unter extrem gesundheitsschädlichen Arbeitsbedingungen. Ein paar Kilometer weiter nehmen junge Bankangestellte zu einem Cappuccino, der drei Tagesverdienste eines Arbeiters kostet, kleine Kuchen zu sich, die in den Sweatshops von Dharavi hergestellt werden. Und noch ein paar Hundert Meter weiter, im schicken Malabar Hills, lässt gerade der reichste Mann Indiens, Mukesh Ambani, für zwei Mrd. Euro das größte Einfamilienhaus der Erde bauen – ein 27-stöckiges Hochhaus mit 400000 Quadratmetern Wohnfläche und drei Hubschrauberlandeplätzen ...

Diese Situation ist charakteristisch für ein Land, in dem der Kontrast zwischen Massenarmut und extremem Reichtum sofort ins Auge springt. Wie aber ist es dazu gekommen? Öffnung der Märkte im Zuge der Globalisierung, Deregulierung und Privatisierung werden seit [den 1990er-Jahren] von allen Regierungen gleich welcher Couleur mit Hochdruck vorangetrieben.

Die hohen Wachstumsraten des vergangenen Jahrzehnts und eine wohlhabender werdende Mittelschicht scheinen dieser Wirtschaftspolitik Recht zu geben. Allerdings verbergen die Zahlen die enormen sozialen und ökologischen Kosten dieser Entwicklung ... Gewerkschaften haben, außer im staatlichen Sektor, massiv an Bedeutung verloren, die Löhne sind entsprechend niedrig. Die Arbeitsstandards gehören trotz zahlreicher gesetzlicher Regulierungen de facto zu den niedrigsten der Welt, vor allem, weil der größte Teil der Arbeit im informellen Sektor stattfindet, der sich jeder Regulierung entzieht.

Ungeachtet dessen herrscht in der Geschäftswelt ein bemerkenswerter Optimismus."

Fabian Scheidler: Indien – Preis des Wachstums. In: suedasien. Info vom 08.05.2011. http://www.suedasien.info/analysen/2954, 28.08.2011

20 Entwicklung der Armut in ausgewählten Regionen und Ländern 1981–2005

Bundeszentrale für politische Bildung: Globalisierung. Soziale Probleme. Armut. http://www.bpb.de/wissen/WILQQ6,0,0,Armut.html (28.08.2011)

Personen in Haushalten mit einem Einkommen von unter 2 US-Dollar (Kaufkraft) pro Tag und Kopf, in Mio.					
	1981	**1987**	**1993**	**1999**	**2005**
Südasien	799	881	950	1031	1092
darunter: Indien	609	669	735	783	828
Ostasien und Pazifik	1278	1238	1262	1105	729
darunter: China	972	907	926	770	474
Subsharisches Afrika	294	351	423	509	556
Lateinamerika und Karibik	90	103	96	111	94
Mittlerer Osten und Nordafrika	46	47	48	52	51
Europa und Zentralasien	35	25	49	68	42

Anteil der Armen an der Bevölkerung, in Prozent					
	1981	**1987**	**1993**	**1999**	**2005**
Südasien	86,5	83,9	79,7	77,2	73,9
darunter: Indien	86,6	83,8	81,7	78,4	75,6
Ostasien und Pazifik	92,6	81,6	75,8	61,8	38,7
darunter: China	97,8	83,7	78,6	61,4	36,3
Subsaharisches Afrika	73,8	74,0	75,9	77,6	72,9
Lateinamerika und Karibik	24,6	24,9	20,7	21,8	17,1
Mittlerer Osten und Nordafrika	26,7	22,7	19,8	19,0	16,9
Europa und Zentralasien	8,3	5,6	10,3	14,3	8,9

1.7 Die südasiatischen Länder im Überblick

Bangladesch
Fläche: 147 569 km²
Bevölkerung 2010: 172,3 Mio.
Bevölkerungsdichte 2010: 1 167 Ew/km²
Städtische Bevölkerung 2008: 27 %
Bevölkerungsentwicklung 2000–2008: 1,6 %
BIP 2008/2009: 92,1 Mrd. US-$
BNE/Kopf 2008 (PPP-$): 1 340
Energieverbrauch je Ew in kg ÖE 2007: 163
HDI-Rang 2010: 132
Staatsform: Parlamentarische Republik
Zur Geschichte: Bis 1947 war Bangladesch ein Teil Britisch-Indiens. Als Ostbengalen nahm es den östlichen Teil der historischen Region Bengalen ein. 1947 wurde Ostbengalen – ebenso wie das heutige Pakistan – von Indien abgespalten. Der neue mehrheitlich von Muslimen bewohnte Staat bestand also aus zwei Teilregionen: Ostpakistan und Westpakistan, die räumlich über 1 500 km durch Indien getrennt waren. Trotz der gemeinsamen islamischen Religion waren die Gegensätze zwischen den beiden Landesteilen Ost- und Westpakistan jedoch so groß, dass Ostpakistan sich 1971 von Westpakistan trennte. 1971 erlangte es seine völkerrechtliche Unabhängigkeit und nannte sich Bangladesch (= Land der Bengalen).

Indien
Fläche: 3 287 263 km²
Bevölkerung 2010: 1 210,2 Mio.
Bevölkerungsdichte 2010: 368 Ew/km²
Städtische Bevölkerung 2008: 30 %
Bevölkerungsentwicklung 2000–2008: 1,6 %
BIP 2008/2009: 1 236,0 Mrd. US-$
BNE/Kopf 2008 (PPP-$): 2 950
Energieverbrauch je Ew in kg ÖE 2007: 529
HDI-Rang 2010: 122
Staatsform: Parlamentarische Bundesrepublik
Zur Geschichte: In Indiens Geschichte haben Einflüsse von außen seit jeher eine große politische Rolle gespielt. Invasionen aus dem arabischen und zentralasiatischen Raum zwischen dem 8. und 12. Jh. folgten ab dem 15. Jh. Europäer, zuerst Portugiesen, dann Franzosen und Engländer. Sie trieben Handel mit Indien und errichteten Stützpunkte an den Küsten. Im 19. Jh. erlangte Großbritannien die vollständige Kontrolle über den Subkontinent: Indien wurde zu einer britischen Kolonie. Der Widerstand gegen die britische Kolonialherrschaft führte 1947 zur Unabhängigkeit Britisch-Indiens, das allerdings in zwei Staaten aufgeteilt wurde: in den säkularen (Hindu-) Staat Indien und den islamischen Staat Pakistan.

Bhutan
Fläche: 46 500 km²
Bevölkerung 2010: 0,691 Mio.
Bevölkerungsdichte 2010: 15 Ew/km²
Städtische Bevölkerung 2008: 34 %
Bevölkerungsentwicklung 2000–2008: 2,5 %
BIP 2008/2009: 1,3 Mrd. US-$
BNE/Kopf 2008 (PPP-$): 4 760
Energieverbrauch je Ew in kg ÖE 2007: k. A.
HDI-Rang 2010: 174
Staatsform: Konstitutionelle Monarchie
Zur Geschichte: Das heutige Bhutan bestand ursprünglich aus mehreren Fürstentümern, die Anfang des 17. Jahrhunderts zusammengefasst wurden. Staatsreligion war der Buddhismus, die Staatsgewalt lag in den Händen von Priestern (Lamas). Das 18. und 19. Jahrhundert war von Grenzkonflikten mit der britischen Ostindien-Kompanie gekennzeichnet. 1910 erkannte Großbritannien formell die Unabhängigkeit Bhutans an, behielt sich aber die Kontrolle über die Außenpolitik vor. Nach der Unabhängigkeit des Subkontinents von Großbritannien nahm Indien vorübergehend die außenpolitischen Beziehungen Bhutans wahr. 1964 übernahm der König schließlich die Staatsgewalt, schränkte 1998 allerdings selbst seine Macht ein und unterstellte sich der Autorität des Parlaments. Seit 2008 ist Bhutan eine konstitutionelle Monarchie, dessen politisches System durchaus den Vorstellungen einer Demokratie entspricht.

Malediven
Fläche: 298 km²
Bevölkerung 2010: 0,396 Mio.
Bevölkerungsdichte 2010: 1 329 Ew/km²
Städtische Bevölkerung 2008: 38 %
Bevölkerungsentwicklung 2000–2008: 1,4 %
BIP 2008/2009: 1,3 Mrd. US-$
BNE/Kopf 2008 (PPP-$): 5 600
Energieverbrauch je Ew in kg ÖE 2007: k. A.
HDI-Rang 2010: 110
Staatsform: Präsidialrepublik
Zur Geschichte: Im 16. Jahrhundert besetzten Portugiesen im Zuge ihrer Entdeckungs- und Eroberungsreisen die Inseln der Malediven. Nach ihrer Vertreibung wurden die Inseln vorübergehend zu einem niederländischen Protektorat, bevor sie 1796 unter britischen Einfluss gelangten. Die Briten nahmen allerdings kaum Einfluss auf die inneren Angelegenheiten der Malediven. 1965, also 18 Jahre später als Indien, entließen die Briten die Maledivien in die Unabhängigkeit. Die Inseln werden zu einer unabhängigen Republik. Noch im gleichen Jahr wurde auch ihre Vollmitgliedschaft bei den Vereinten Nationen bestätigt. Drei Jahre später, 1968, traten sie aus dem Commonwealth aus und gaben sich eine neue Verfassung. 1976 verließen die letzten britischen Truppen die Insel Gan. 1982 wurden die Malediven wieder in das Commonwealth aufgenommen – zunächst mit Sonderstatus, später als Vollmitglied.

Nepal
Fläche: 147 181 km²
Bevölkerung 2010: 29,9 Mio.
Bevölkerungsdichte 2010: 203 Ew/km²
Städtische Bevölkerung 2008: 17 %
Bevölkerungsentwicklung 2000–2008: 2,1 %
BIP 2008/2009: 8,8 Mrd. US-$
BNE/Kopf 2008 (PPP-$): 1 100
Energieverbrauch je Ew in kg ÖE 2007: 338
HDI-Rang 2010: 141
Staatsform: Parlamentarische Republik
Zur Geschichte: Die Anfänge des Staates liegen im Kathmandutal, in das schon früh Buddhisten eingewandert waren. Ab dem 12. Jh. siedelten sich zusätzlich Hindus in Nepal an, die vor den Muslimen in Indien geflohen waren. Die folgenden Jahrhunderte waren gekennzeichnet von Auseinandersetzungen zwischen diversen Dynastien, bevor 1768 Gurkha-Armeen Kathmandu eroberten und einen Zentralstaat errichteten. Als Nepal Anfang des 19. Jh. versuchte sein Gebiet nach Nordindien auszudehnen, kam es zu Auseinandersetzungen mit der britischen Ostindien-Kompanie. Nepal konnte trotz der Niederlage jedoch seine Unabhängigkeit bewahren. Die folgenden zwei Jahrhunderte waren eine Zeit blutiger politischer Unruhen zwischen den Monarchen und Vertretern, die eine Demokratisierung und Öffnung des Landes anstrebten. Erst 2008 wurde die Monarchie abgeschafft und Nepal zu einer Republik.

Sri Lanka
Fläche: 65 610 km²
Bevölkerung 2010: 20,7 Mio.
Bevölkerungsdichte 2010: 315 Ew/km²
Städtische Bevölkerung 2008: 15 %
Bevölkerungsentwicklung 2000–2008: 0,8 %
BIP 2008/2009: 40,6 Mrd. US-$
BNE/Kopf 2008 (PPP-$): 4 560
Energieverbrauch je Ew in kg ÖE 2007: 464
HDI-Rang 2010: 93
Staatsform: Präsidialrepublik
Zur Geschichte: Sri Lanka wurde über zwei Jahrtausende von lokalen Königreichen regiert, ehe die Insel im 16. Jh. von den Portugiesen und später den Niederländern kolonisiert wurde. Diese beherrschten allerdings nur die Küstenebenen, während sich im zentralen Bergland ein König behaupten konnte. Anfang des 19. Jh. übernahmen Engländer die Herrschaft, besiegten das Königreich und machten Sri Lanka zur britischen Kronkolonie. Die englische Herrschaft dauerte bis zum Ende des Zweiten Weltkrieges, wobei die Engländer – wie in Indien – das Straßen- und Eisenbahnnetz bauten und das Bildungssystem gezielt förderten. 1948 wurde Sri Lanka unabhängiges Mitglied des Commonwealth of Nations, damals noch unter dem Kolonialnamen Ceylon. 1972 wurde schließlich die Republik Sri Lanka ausgerufen und das Land gab sich eine Präsidialverfassung nach amerikanischem Vorbild.

Pakistan
Fläche: 796 095 km²
Bevölkerung 2010: 184,8 Mio.
Bevölkerungsdichte 2010: 232 Ew/km²
Städtische Bevölkerung 2008: 36 %
Bevölkerungsentwicklung 2000–2008: 2,2 %
BIP 2008/2009: 164,5 Mrd. US-$
BNE/Kopf 2008 (PPP-$): 2 540
Energieverbrauch je Ew in kg ÖE 2007: 512
HDI-Rang 2010: 128
Staatsform: Präsidentielle Bundesrepublik
Zur Geschichte: Das Gebiet des heutigen Pakistan – bis zur Staatsgründung 1947 hatte es nie einen Staat dieses Namens gegeben – bildete im Altertum das Kernland der Indus-Kultur, einer der frühesten Hochkulturen der Erde. Bis zum Beginn des 19. Jh. war Pakistan Teil verschiedener islamischer Republiken. Mit der Eroberung des Subkontinents durch die East India Company begann die 100-jährige Zugehörigkeit zum britischen Kolonialreich. Nach der Unabhängigkeit 1947 etablierte sich der Staat Pakistan aus dem überwiegend muslimischen Teil von Britisch-Indien und 1956 rief er sich als erste Islamische Republik der Erde aus. Doch schon 1971 trennte sich der östliche Landesteil und bildete den eigenen Staat Bangladesch. Die Zeit bis heute ist gekennzeichnet von schweren innenpolitischen Krisen, häufigen Regierungswechseln und kriegerischen Auseinandersetzungen mit dem Nachbarland Indien.

Anmerkung zu den Bevölkerungsdaten:

Die Angaben zur Bevölkerung weichen unter Umständen von denen auf S. 19 ab. Die Abweichungen ergeben sich aus den unterschiedlichen Quellen mit ihren unterschiedlichen Erhebungsmethoden.

Anmerkungen zu den Wirtschaftsdaten:

ÖE = (Öleinheit), Maßeinheit für den Energieverbrauch, umgerechnet auf den Energieinhalt von Erdöl; 1 kg ÖE entspricht 1,4 kg Steinkohleneinheit oder ca. 10 000 kcal
PPP-$ = Purchasing Power Capacity (Kaufkraftparität), internationale Kaufkraft einer Währung; sie gibt an, wie viele Einheiten der jeweiligen Landeswährung erforderlich sind, um den gleichen repräsentativen Waren- und Dienstleistungskorb zu kaufen, den man für 1 US-$ in den USA erhalten würde.

HDI = Human Development Index (Index der menschlichen Entwicklung): Indikator für den Entwicklungsstand eines Landes; der HDI setzt sich zusammen aus der Lebenserwartung bei der Geburt, der Alphabetisierungsrate und der realen Kaufkraft; Rang = Position unter 194 Ländern

Quelle der Wirtschaftsdaten: CIA World Fact Book 2010; Der Fischer Weltalmanach 2011; United Nations Data Report 2010

2 Überprüfen Sie Ihr Wissen
79 Testaufgaben zur Selbstkontrolle

Kap. 1.1 Der Naturraum – Potenzial und Hemmnis

1 Überprüfen Sie anhand des Glossars, ob und inwieweit der Begriff „Subkontinent" auf den südasiatischen Raum zutrifft.

2 Erstellen Sie eine Liste der Großlandschaften des indischen Subkontinents mit Angaben über die geologische Entstehung, das Relief und die Eignung für den Ackerbau.

3 Nennen Sie die Charakteristika des indischen Monsunklimas.

4 Nehmen Sie Stellung zu der Behauptung, der jahreszeitliche Richtungswechsel des Monsuns sei als großräumige Land- und Seewindzirkulation zu erklären.

5 Erklären Sie die zeitliche Niederschlagsverteilung der beiden Stationen Mangalore und Nagapattinam (M 2).

6 Erläutern Sie am Beispiel von Nagpur (M 1) den Begriff „Variabilität der Niederschläge".

7 Aufgrund der im Jahresverlauf wechselnden Luftdruck-, Wind- und Temperaturverhältnisse können auf dem indischen Subkontinent vier klimatische Jahresabschnitte unterschieden werden. Charakterisieren Sie die vier Abschnitte.

8 Die Überschrift des Kapitels 1.1 lautet: „Der Naturraum – Potenzial und Hemmnis". Nennen Sie Gebiete mit einem erhöhten Naturrisiko.

Kap. 1.2 Bevölkerung und soziale Strukturen

1 Erklären Sie, warum der südasiatische Subkontinent als „übervölkert" gilt.

2 Erstellen Sie anhand der Tabelle 4 eine Rangfolge der Länder Südasiens nach von Ihnen ausgewählten Kriterien.

3 Erklären Sie, warum die Daten zur Geburten-, Sterbe- und Wachstumsrate keine zuverlässige Aussage über das künftige absolute Bevölkerungswachstum erlauben.

4 Vergleichen Sie die beiden Abbildungen 5 zur Altersstruktur und erklären Sie die Begriffe „junges" und „altes Volk".

5 Nennen Sie Einflüsse auf das generative Verhalten.

6 Erklären Sie den unausgeglichenen Geschlechterproporz in Indien.

7 „Genderequality". Erklären Sie den Begriff und wenden Sie ihn auf Indien an.

8 Nennen Sie Gefahren, die sich aus der ethnischen und sprachlichen Vielfalt in Indien ergeben können.

9 Fassen Sie die Aussagen der Tabelle 6 in zwei Sätzen zusammen.

10 Nennen Sie die wesentlichen Merkmale des Kastenwesens.

11 Erklären Sie die Begriffe Varna, Jati und Dalit.

Kap. 1.3 Landwirtschaft und ländlicher Raum

1 In allen Ländern Südasiens übertrifft der Tertiäre Sektor inzwischen den Primären und Sekundären Sektor. Erklären Sie, warum diese Länder dennoch als „Agrarländer" gelten.

2 Vergleichen Sie die landwirtschaftliche Getreideproduktion in den in der Grafik 9 dargestellten Länder.

3 Erklären Sie den Begriff „Grüne Revolution".

4 Ergänzen Sie das Wirkungsgeflecht zu den möglichen ökologischen und sozialen Folgen der Grünen Revolution (M 10) um weitere Aspekte.

5 „Die Grüne Revolution hat die Nahrungsmittelproduktion aus einem Tief herausgeführt, andererseits aber die sozialen und regionalen Disparitäten vergrößert." Erklären Sie das Zitat.

6 India's agriculture is a gamble with the monsoon". Erklären Sie den Ausspruch.

7 Nennen Sie zusammenfassend natürliche Hemmnisse einer gesicherten Nahrungsmittelversorgung in den Ländern Südasiens.

8 Nennen Sie Ursachen für die starke Besitzzersplitterung in den Ländern Südasiens (Tab. 11).

9 „Indien kennt viele Großgrundbesitzer, aber nur wenige landwirtschaftliche Großbetriebe." Erklären Sie diese Aussage.

10 Erklären Sie den Begriff „Rentenkapitalismus".

11 Erläutern Sie, wie es infolge unsachgemäßer Bewässerung zur Bodenversalzung kommen kann.

12 Beschreiben Sie die Verschuldungsmechanismen im ländlichen Raum Südasiens.

13 Erstellen Sie eine Liste von Strukturproblemen, mit denen die Landwirtschaft auf dem indischen Subkontinent zu kämpfen hat.

Kap. 1.4 Industrie und Dienstleistungssektor

1 Erklären Sie mit Beispielen den Begriff „koloniale Deindustrialisierung des indischen Subkontinents".

2 „Unterentwicklung der Entwicklungsländer und Entwicklung der Industrieländer gingen in der Kolonialzeit Hand in Hand." Erklären Sie.

3 Nennen Sie positive Beispiele für das koloniale Erbe auf dem indischen Subkontinent.

4 Nennen Sie die wichtigsten Ziele und Strategien der indischen Wirtschaftspolitik unmittelbar nach der Unabhängigkeit.

5 Die nach der Unabhängigkeit gebauten Stahlwerke werden oft als „Kathedralen in der Wüste" bezeichnet. Erklären Sie den Ausdruck.

6 Beschreiben Sie die räumliche Verteilung der Industrie.

7 Bennen Sie Ziele und Maßnahmen der indischen Wirtschaftspolitik nach 1991.

8 Erklären Sie, wieso Indien mit seiner Strategie „Hightech first" einen ganz anderen Entwicklungsweg einschlug als die meisten anderen Entwicklungs- bzw. Schwellenländer.

9 Stellen Sie den Erfolgen des Wirtschaftsbooms negative Auswirkungen gegenüber.

10 „Brain drain" oder „Brain gain". Erklären Sie die beiden Ausdrücke und bewerten Sie den Export von IT-Fachleuten für Indien einerseits und für die „Empfängerländer", wie z. B. Deutschland, andererseits.

11 Erklären Sie mit Beispielen den Ausdruck „back office".

12 Erstellen Sie eine Liste von Gunstfaktoren und Hemmnissen für die weitere wirtschaftliche Entwicklung Indiens.

Kap. 1.5 Verstädterung und Metropolisierung

1 Beschreiben Sie mithilfe des Glossars die Prozesse der „Verstädterung" und „Urbanisierung."

2 Arbeiten Sie anhand ausgewählter Regionen die Beziehungen zwischen Verstädterungsgrad und Entwicklungsstand heraus (Tabelle 13).

3 Charakterisieren Sie den gegenwärtigen globalen Verstädterungsprozess (Tabelle 13).

4 Untersuchen Sie den Verstädterungsprozess in Südasien (Tabelle 13).

5 Nennen Sie Ursachen der Verstädterung.

6 Charakterisieren Sie die weltweite Verteilung der Megastädte (Karte 15).

7 Untersuchen Sie, inwieweit Südasien vom Prozess der Megapolisierung betroffen ist.

8 Erklären Sie die Ursachen der Megapolisierung.

9 Arbeiten Sie wesentliche Probleme der Metropolisierung und Megapolisierung heraus.

10 Erörtern Sie Chancen und Probleme des Verstädterungsprozesses.

Kap. 1.6 Globalisierung – Chance für Südasien?

1 Beschreiben Sie – auch mithilfe des Glossars – den Prozess der Globalisierung

2 „Im Zuge der Globalisierung können sich einzelne Länder auf Güter konzentrieren, bei deren Herstellung sie gegenüber anderen Staaten Vorteile haben" (Quellentext 16).
Erläutern Sie diese Aussage anhand der Handelsbeziehungen zwischen Deutschland und Indien (Quellentext 17 und Grafik 18).

3 „Deutschland und Indien profitieren ... von der jeweiligen Stärke des Handelspartners" (Quellentext 17).
Überprüfen Sie diese Aussage.

4 Nennen Sie aus der Sicht eines Global Players erwartete Vorteile von ausländischen Direktinvestitionen.

5 Stellen Sie dar, welche Nachteile, Kosten oder Risiken für das Unternehmen mit solchen Direktinvestitionen verbunden sein können.

6 Erklären Sie – ausgehend von dem Autorentext S. 21 – mögliche negative Effekte von ausländischen Direktinvestitionen für das Empfängerland.

7 Erläutern Sie die Aussage „Indien: Preis des Wachstums" (Quellentext 19).

8 Vergleichen Sie die Entwicklung der Armut zwischen 1981 und 2005 in Südasien mit der in der Region „Ostasien und Pazifik".

9 „Für die Entwicklungsländer gilt: Ohne ausländische Direktinvestitionen kein Fortschritt!"
Diskutieren Sie diese Behauptung.

10 Erörtern Sie anhand des Beispiels Indien, ob die Globalisierung eher als Bedrohung oder als Chance zu bewerten ist.

Kap. 1.7 Die südasiatischen Länder im Überblick

1 Kennzeichnen Sie anhand der Daten den „Entwicklungsstand" der sieben Länder.

2 Erstellen Sie anhand des HDI eine Hierarchie der Länder und überprüfen Sie, inwieweit diese Klassifizierung durch die anderen Daten gestützt wird.

3 Diskutieren Sie abschließend die Aussagekraft der einzelnen Daten mit Blick auf die Frage „Entwicklung" bzw. „Unterentwicklung".

Kapitelübergreifend

Sind die folgenden Aussagen richtig oder falsch? Korrigieren Sie die ihrer Meinung nach falschen Aussagen.

a) Dank des strengen halbjährigen Rhythmus des Monsuns ist die Niederschlagsvariabilität auf dem indischen Subkontinent gering.
b) Die z.T. krassen regionalen Entwicklungsunterschiede zwischen den südasiatischen Ländern lassen sich im Wesentlichen auf die unterschiedlichen naturräumlichen Gegebenheiten zurückführen.
c) Der Verstädterungsgrad der Länder des Subkontinents entspricht dem der meisten Entwicklungsländer.
d) Da die Fruchtbarkeitsrate Indiens in absehbarer Zukunft das Reproduktionsniveau erreichen wird, wird auch das Bevölkerungswachstum stagnieren.
e) Die Bevölkerung Indiens lässt sich in vier Kasten einteilen.
f) Da in fast allen Ländern der Tertiäre Sektor Südasiens die überwiegende Zahl der Arbeitsplätze stellt, sind die Länder inzwischen als Dienstleistungsgesellschaften einzustufen.
g) Die Grüne Revolution muss in den südasiatischen Ländern als gescheitert erklärt werden.
h) Mit Ausnahme von Indien stellt die Eisen- und Stahlindustrie noch immer die Schlüsselindustrie in den südasiatischen Ländern dar.
i) Südasien ist eine Region mit hohem Verstädterungsgrad und weist deshalb eine große Anzahl von Megastädten auf.
j) Ursache der Megapolisierung in Südasien ist das starke Bevölkerungswachstum in dieser Region.
k) Alleinige Nutznießer von ausländischen Direktinvestitionen sind die Global Player.
l) Das mit der Liberalisierung und Globalisierung ausgelöste Wirtschaftswachstum hat in Indien zu einer drastischen Verringerung der Armut beigetragen.

Lösungshinweise

Kap. 1.1 Der Naturraum – Potenzial und Hemmnis

1 Südasien stellt einen durch Meere und Gebirge klar umgrenzten Großraum dar. Der gesamte Westen, Süden und Osten wird von Weltmeeren bzw. deren Nebenmeeren umgeben. Im Norden bildet das Hochgebirge des Himalaya eine natürliche Grenze, und auch von seinen festländischen Nachbarn im Nordosten und Nordwesten ist Südasien durch geschlossene Gebirgszüge getrennt. Deswegen sowie aufgrund seiner gewaltigen Ausdehnung und naturräumlichen Eigenständigkeit kann man Südasien als Subkontinent bezeichnen.

2 **Hochgebirge des Himalaya:** tertiäres Faltengebirge mit mehreren west-ostverlaufenden Gebirgsketten, dazwischen gelagerten Tallandschaften und intramontanen Becken; Ackerbau ist nur ganz eingeschränkt möglich wegen des Reliefs und vor allem des Hochgebirgsklimas (kurze Vegetationsperiode).
Hochland von Dekkan: geologisch ältester Teil des Subkontinents, Urkontinent Gondwana); eine tektonisch vielfältig gegliederte Hochgebirgsscholle mit z.T. lebhaftem Relief; randliche Aufwölbungen der West- und Ostghats; die Möglichkeiten des Ackerbaus hängen von den jeweiligen Böden und von der Menge der Niederschläge ab; in vielen Bereichen ist Ackerbau nur mit künstlicher Bewässerung möglich.
Stromtiefland von Ganges, Indus und Brahmaputra: Tiefebene von 250–400 km Breite; Schwemmlandebene der großen Flusssysteme aus dem Quartär; Flusslaufverwilderungen und Terrassen; gute Ackerbaubedingungen bestehen auf den sedimentreichen Alluvialböden.

3 Charakteristika des Monsunklimas: im halbjährigen Rhythmus wechselnde Winde mit ausgeprägter Regenzeit im Sommer und Trockenheit im Winter.

4 Die Aussage ist falsch. Der Monsun bildet einen Teil der allgemeinen planetarischen Zirkulation. Der Südwestmonsun (Sommermonsun) entspricht genetisch den äquatorialen Westwinden bzw. dem beim Überschreiten des Äquators durch die Corioliskraft nach rechts abgelenkten Südostpassat – angezogen durch die ITC über dem Subkontinent; der Nordostmonsun (Wintermonsun) ist ein Teil des Nordostpassats, der vom asiatischen Binnenland (Kältehoch) nach Überschreiten des Himalayas als trockener Wind den indischen Subkontinent erreicht.

5 **Mangalore**, an der südlichen Westküste gelegen, erhält die höchsten Niederschläge durch den Sommermonsun in den Monaten Mai bis Oktober, während die Wintermonate regenarm sind; die Höhe der Niederschläge im Sommer erklärt sich aus der Lage im Luv der Westghats.
Nagappattinam, an der Südostküste gelegen, erhält die höchsten Niederschläge in den Monaten Oktober bis Dezember; Regenbringer ist in diesem Fall der Wintermonsun, der, aus dem Norden kommend, sich über dem Golf von Bengalen mit Feuchtigkeit aufgeladen hat.

6 Variabilität bedeutet in diesem Fall zum einen die unterschiedliche Niederschlagsverteilung während des Jahres (Monsunniederschläge in den Sommermonaten Juni bis September, geringe Niederschläge in den übrigen Monaten); die Zeilen 8 und 9 (max. Niederschlag und min. Niederschlag) zeigen zudem die extremen Abweichungen vom langjährigen Mittel (geringe Regenverlässlichkeit); die Werte in Zeile 10 (max. Niederschlag 24 h) belegen die Intensität der Niederschläge besonders während der Sommermonsun-Periode: 185 mm innerhalb von 24 Stunden bei einer durchschnittlichen Regenmenge von 290 mm im Gesamtmonat August; die Tabelle ermöglicht keine Aussagen über die jährlichen starken Schwankungen.

7 Vormonsunzeit: Mitte März–Mai; arid, heiß, Temperaturen bis ca. 30° ansteigend,
Sommermonsunzeit: Juni–September; humid, Temperaturen bis auf ca. 20° absinkend,
Nachmonsunzeit: Oktober–Dezember; humid, weiter absinkende Temperaturen,
Wintermonsunzeit: Dezember–Mitte März; arid, in einigen Landesteilen (u.a. Südwestküste) humid; kühle Temperaturen.

8 Erdbebengefährdung: besonders im Nordosten (Assam, Bhutan) sowie am gesamten Südrand des Himalaya,
Dürregefährdung: fast der gesamte Westteil des Subkontinents (außer Küstenstreifen) sowie der Nordosten, weitere dürregefährdete Gebiete inselhaft über das nördliche Dekkan-Hochland verteilt,
Überschwemmungsgefährdung: Norden und Nordosten von Bihar bis Assam, Bangladesch (Unterlauf des Ganges und des Brahmaputra),
Tropische Wirbelstürme: Küstengebiete im Norden am Golf von Bengalen (Bengalen-Zyklone).

Kap. 1.2 Bevölkerung und soziale Strukturen

1 Südasien zählt neben West- und Mitteleuropa, Ostasien und der Ostküste der USA zu den vier großen Dichtezentren der Erde; bei einem Anteil von 3 % an der gesamten Landoberfläche der Erde entfallen auf Südasien etwa 23 % der Weltbevölkerung; die Frage der Übervölkerung muss vor allem mit Blick auf die agrarische Tragfähigkeit gesehen werden; da der überwiegende Teil der Menschen von der Landwirtschaft lebt, diese aber durch die natürlichen Gegebenheiten (vor allem Klima und Böden) eine stark begrenzte Produktionsfähigkeit besitzt, ist die Tragfähigkeit teilweise überschritten und der Ausdruck „Übervölkerung" somit gerechtfertigt.

2 Besonders aussagekräftig mit Blick auf den Entwicklungsstand der einzelnen Länder sind die Daten zur natürlichen Wachstumsrate, zur Lebenserwartung und zur Alphabetisierungsrate; hier lassen sich interessante Übereinstimmungen feststellen: In Ländern mit einer geringen natürlichen Wachstumsrate ist der Alphabetisierungsgrad der Frauen in der Regel überdurchschnittlich hoch, gleichzeitig liegen die Wachstumsraten unter dem Durchschnitt; diese Parallelen lassen aufschlussreiche Rückschlüsse auf das generative Verhalten zu.

3 Zusätzlich zu den Daten zur Geburten-, Sterbe- und Wachstumsrate müssen die Fertilitätsrate, die Altersstruktur und das zahlenmäßige Ausgangsniveau herangezogen werden, will man zuverlässige Aussagen über das künftige absolute Bevölkerungswachstum machen.

4 Die Grafik zu Indien zeigt in den Grundzügen die typische „Pyramidenform". Die Bevölkerung wächst stetig, da es deutlich mehr junge als alte Menschen gibt. Es ist ein „junges Volk".
Die Grafik zu Deutschland nähert sich der Urnenform. Die Geburtenjahrgänge schrumpfen, während der Anteil der älteren Menschen zunimmt, was insgesamt eine sich verringernde Bevölkerung bewirkt. Es ist ein „altes Volk".

5 Einflüsse auf das generative Verhalten: Familienstrukturen und Familienverfassungen, religiöse Wertvorstellungen, wirtschaftliche Stellung der Familie, Erbrecht, Heiratsalter, Haushaltsgröße, Fruchtbarkeits- und Sterberate einer Bevölkerung, Bildungsstand der Frau.

6 Das zahlenmäßige Übergewicht der Männer lässt sich mit der Benachteiligung der Frauen in fast allen Lebensreichen erklären: im Gesundheitswesen, im Bildungswesen und im Arbeitsleben. Männliche Nachkommen werden generell bevorzugt, da es die Söhne sind, die die Altersversorgung der Eltern übernehmen. Für die Töchter muss z. B. bei der Eheschließung eine Mitgift gezahlt werden, die die Brauteltern u. U. in den Ruin treiben. Auch deswegen werden weibliche Föten häufiger abgetrieben als männliche.

7 Genderequality bedeutet „Gleichstellung der Geschlechter". Wie die Ausführungen zu Aufgabe 6 zeigen, ist eine solche Gleichstellung in Indien nicht gegeben. Frauen sind gegenüber Männern eindeutig benachteiligt.

8 Die Gefahren, die sich aus der ethnischen und sprachlichen Vielfalt ergeben können, könnte man mit dem Begriff Kommunalismus umreißen: Man fühlt sich der eigenen ethnischen und religiösen Gruppe verpflichtet, nicht aber der Gesellschaft als Ganzes. Dies kann destabilisierend wirken auf das Zusammenleben der Menschen bis hin zur Existenzgefährdung des Staates. In Indien wird die ethnische und sprachliche Vielfalt in der Regel als positiv gewertet – solange keine Gruppe das alleinige „Vertretungsrecht" für sich in Anspruch nimmt. So führte die sprachliche Vielfalt in der Vergangenheit immer dann zu Konflikten, wenn Politiker „ihre" Sprache als alleinige Verwaltungssprache durchsetzen wollten.

9 In den südasiatischen Ländern dominieren die drei großen Weltreligionen Hinduismus, Islam und Buddhismus. Auffällig ist, dass in jedem Staat jeweils eine Religion mit einem Anteil von über 80 % vorherrscht: Hinduismus in Indien und Nepal, Islam in Pakistan, Bangladesch und auf den Malediven, Buddhismus in Bhutan und auf Sri Lanka.

10 Wesentliche Merkmale des Kastenwesens:
- Kasten scheiden die Gesellschaft in in sich geschlossene Gruppen.
- In eine Kaste wird man hineingeboren; man kann sie nicht verlassen.
- Die Kasten sind hierarchisch zu einem System geordnet, in dem jede Kaste ihren festen Platz hat.
- Dieser hierarchischen Struktur entspricht ein jeweils unterschiedlicher sozialer Status der Kastenmitglieder.
- Die Kastenmitglieder sind an bestimmte Verhaltensmuster, Ge- und Verbote gehalten.
- Die sozialen Kontakte von Mitgliedern verschiedener Kasten sind reglementiert und eingeschränkt, wenn nicht sogar untersagt (z. B. Heirat von Mitgliedern verschiedener Kasten).
- Im Unterschied zu den sozialen Kontakten sind die wirtschaftlichen Beziehungen nicht eingeschränkt.
- Mit der Zugehörigkeit zu einer Kaste war ursprünglich auch die Zugehörigkeit zu einem bestimmten Beruf vorgegeben, was eine freie Berufswahl unmöglich machte.

11 Mit Varna werden die vier Stände bezeichnet: Brahmanen, Kshatriyas, Vaishyas, Shudras. Diese vier Stände sind jeweils in zahlreiche Kasten (Jatis) untergliedert. Nicht zu den vier Ständen zählen die Dalits, die von den Kastenhindus als unrein angesehen werden. Gandhi nannte sie Harijans („Vishnus-Geborene); bei uns werden sie auch als „Unberührbare" oder „Parias" bezeichnet. Die Bezeichnung „Kastenlose" ist irreführend, da auch die Dalits zahlreiche Kasten bilden. Der Name Dalits heißt übersetzt „die Zerbrochenen, Niedergetretenen".

Kap. 1.3 Landwirtschaft und ländlicher Raum

1 Nur gemessen am Anteil des BIP dominiert der Tertiäre Sektor. Mit Ausnahme von den Malediven ist der überwiegende Teil der Erwerbstätigen in allen Ländern Südasiens im Agrarsektor beschäftigt (vgl. Tabelle 8), und im ländlichen Raum leben nach wie vor – trotz zunehmender Verstädterungstendenzen – im Durchschnitt zwei Drittel der Gesamtbevölkerung. Infolge ihrer Verflechtung mit zahlreichen anderen Branchen kommt der Landwirtschaft eine wirtschaftliche und gesellschaftliche Schlüsselrolle zu. Auch deswegen ist es gerechtfertigt, von „Agrarländern" zu sprechen.

2 Die Grafik verdeutlicht die beachtlichen Steigerungen der Getreideproduktion seit 1970. In Indien und in der VR China haben sie sich bis 2009 mehr als verdoppelt. Weniger spektakulär sind die Zuwächse in den übrigen Ländern. Die Produktionssteigerungen in Indien sind vor allem auf die Intensivierungsmaßnahmen zurückzuführen, z. B. im Rahmen der Grünen Revolution bzw. in der Bewässerungswirtschaft.

3 Mit dem Begriff „Grüne Revolution" wird die in den 1960er-Jahren in Indien und anderen Entwicklungsländern einsetzende Umstellung der Landwirtschaft auf moderne Produktionsmethoden umschrieben. Die wichtigsten Maßnahmen waren: Einsatz von Hochleistungssaatgut, Düngemitteln, Pflanzenschutzmitteln und Bewässerung. Dadurch konnten die Erträge enorm gesteigert werden.

4 Ergänzende Stichwörter zum Wirkungsgeflecht: Rückgang der Sortenvielfalt, Anbau in Monokulturen, dadurch erhöhte Anfälligkeit für Schädlingsbefall, Zerstörung der natürlichen Bodenfruchtbarkeit durch künstliche Düngung, Grundwasserbelastung durch Düngemittel, Herbizide und Pestizide, starke Beanspruchung der Wasserressourcen, Bevorzugung ressourcenreicherer Regionen bzw. Vernachlässigung ressourcenärmerer Regionen, wachsende Abhängigkeit der Bauern von den großen Agrar- und Chemiekonzernen.

5 Die Grüne Revolution hat die Ernährungssituation erheblich verbessert. Da sie sich aber vor allem auf die Gunstgebiete (Regionen mit guten Bewässerungsmöglichkeiten und ertragreichen Böden) beschränkte, verstärkten sie die regionalen Ungleichgewichte. Da vor allem die reichen Bauern und Großgrundbesitzer die teuren Investitionen vornehmen konnten, hatten die landarmen Kleinbauern und die Landlosen das Nachsehen.

6 Indiens Landwirtschaft ist – trotz aller technischen Errungenschaften – immer noch von den Zufälligkeiten der Monsunniederschläge abhängig (Ausbleiben des Monsuns, verspätetes Eintreffen, verfrühter Rückzug, längere niederschlagsarme Perioden in der Regenzeit).

7 Natürliche Hemmnisse einer gesicherten Nahrungsmittelversorgung: arides Klima und Dürregefahr in vielen Regionen, Überschwemmungsgefahr in anderen, weit verbreitet unfruchtbare bzw. infolge der langen und intensiven Bewirtschaftung degradierte Böden, knappe bzw. weiter abnehmende Grundwasserreserven.

8 Ursachen der starken Besitzzersplitterung: starkes Bevölkerungswachstum, Realteilung, Verschuldung und damit u. U. Landverluste vieler Bauern, historisch bedingte ungleiche Landverteilung, d. h. Absentee Landlords einerseits, Kleinst- und Kleinbauern andererseits – auch eine Folge des kolonialen Besteuerungssystems (Zamindarsystem).

9 Die Erklärung ist in den Besonderheiten des in Indien praktizierten Pachtsystems zu suchen. Die Großgrundbesitzer/Rentenkapitalisten bewirtschaften ihr Land in der Regel nicht selbst, sondern verpachten es. Charakteristisch ist dabei, dass sich eine ganze Kette von Pächtern, Zwischenpächtern und Unterpächtern herausgebildet hat, d. h. das vom Großgrundbesitzer verpachtete Land wird mit der Vergabe an jeden der Pächter weiter zersplittert.

10 Rentenkapitalismus ist ein Wirtschaftssystem, bei dem die Eigentümer ihr Land gegen einen erheblichen Teil der Ernte Pächtern zur Bewirtschaftung überlassen. Die Folgen sind insofern negativ, als die Ertragsanteile (Renten) vom Grundbesitzer nicht wieder in die Landwirtschaft investiert werden und die Pächter andererseits nicht an ertragssteigernden Maßnahmen interessiert sind, da ja ein Großteil der Erträge an den Grundeigentümer abzuführen ist.

11 Bodenversalzung in Rahmen der Bewässerungswirtschaft entsteht vor allem, wenn zu viel Wasser zugeführt wird oder wenn man nicht für eine ausreichende Drainage Sorge trägt. Bei hohen Wassergaben versickern größere Mengen ungenutzt in den Boden. Der abwärts gerichtete Bodenwasserstrom reichert das Grundwasser an und führt zu einer Erhöhung des Grundwasserspiegels. In ariden und semiariden Räumen entsteht eine Art „Verdunstungssog": Das Grundwasser bzw. Bodenwasser, das in den tieferen Schichten Salze gelöst hat, steigt kapillar auf und verdunstet an der Bodenoberfläche. Zurück bleiben die im Wasser gelösten Salze. Dauert dieser Vorgang über einen längeren Zeitraum an, kommt es zu einer kompletten Versalzung der oberen Bodenschicht, womit diese agrarisch nicht mehr nutzbar ist. Bei hohen Wassergaben in Trockengebieten muss eine ausreichende Drainage erfolgen, damit die ausgeschiedenen Salze gelöst und abgeführt werden.

12 In der Kolonialzeit waren es vor allem der Rentenkapitalismus und das Pachtsystem, die zur Verschuldung zahlreicher landwirtschaftlicher Betriebe führten. Der Großgrundbesitz der Absentee Landlords wurde in zahlreiche Parzellen aufgeteilt und bewirtschaftet. Der Landlord nahm aber keine Investitionen vor, um höhere Einkünfte zu erzielen, sondern suchte diese durch Pachtsteigerungen zu erreichen, von denen auch die Zwischenpächter profitierten. Um an die nötigen Betriebsmittel oder das unbedingt notwendige Bewässerungswasser zu kommen, mussten die landarmen Bauern Kapital aufnehmen – zumeist bei den Landlords zu Wucherzinsen. Da sie zum Überleben immer neue Kredite aufnehmen mussten, gerieten sie in einen Teufelskreis von Verschuldung, Abhängigkeit und Verarmung. Im Extremfall entstand eine regelrechte Schuldknechtschaft, d. h. der Bauer verlor sein Land und hatte nicht einmal die Freiheit, das Dorf zu verlassen und sich anderweitig Arbeit zu suchen.
Heute hat sich im ländlichen Raum eine neue „Schicht" von „Landlords" gebildet: z. B. die Saatguthändler und Aufkäufer

von Ernten. Zum Kauf des teuren Saatguts, z. B. für die Hochertragssorten, die im Rahmen der „Grünen Revolution" eingesetzt werden, oder für die Umstellung der Produktion auf andere Anbauprodukte muss der Bauer in aller Regel Kredite aufnehmen. Das bedeutet nicht nur eine starke Zinsbelastung, sondern auch ein erhöhtes Risiko. Schließlich wird der Bauer auch noch ein Opfer manipulierter Weltmarktpreise, die von wenigen großen Konzernen kontrolliert werden.

13 Strukturprobleme der südasiatischen Landwirtschaft:
- Besitzzersplitterung und unzureichende Betriebsgrößen,
- ausbeuterische Pachtsysteme,
- Kapitalarmut und Verschuldung eines Großteils der landwirtschaftlichen Betriebe,
- geringer Maschinenbesatz,
- unzureichende Energieversorgung,
- schlechte Verkehrsanbindung vieler Dörfer,
- unterentwickelte Marktstrukturen.

Kap. 1.4 Industrie und Dienstleistungssektor

1 Mit dem Begriff „koloniale Deindustrialisierung" wird die Tatsache umschrieben, dass die East India Company bzw. die britischen Kolonialherren Ansätze einer Industrialisierung in den Kolonien im Keim erstickten. In Anlehnung an die merkantilistische Wirtschaftspolitik sollten möglichst große Ausfuhrüberschüsse durch die Einfuhr von Rohstoffen und den Export verarbeiteter Industrieprodukte erzielt werden. Damit erhoffte man den Reichtum des Landes sowie die eigene Industrie zu fördern. In Indien zerschlugen die Briten z. B. die Textilindustrie, exportierten indische Baumwolle zur Verarbeitung nach England, um sie dort zu Textilien zu veredeln und die Fertigprodukte auf dem indischen Markt zu verkaufen.

2 Der Ausdruck „Entwicklung der Unterentwicklung" stammt aus dem Lager der Dependenztheoretiker (1960er- und 1970er-Jahre). Diese führten die Unterentwicklung der ehemaligen Kolonien auf deren außenwirtschaftliche Abhängigkeit von den Kolonialmächten zurück. Durch die Ausbeutung der Kolonien, den Sklavenhandel, die Zerschlagung der gewerblichen Produktion und nicht zuletzt durch die Kolonialkriege wurde jede Entwicklung in den Ländern der Dritten Welt unterbunden – zugunsten der Kolonialmächte, die auf diesem Weg ihren Reichtum mehren konnten.

3 Positive Hinterlassenschaften der Briten auf dem indischen Subkontinent:
- ein großes Eisenbahnnetz,
- ein Post- und Fernmeldewesen,
- ein klar gegliederter Verwaltungsapparat,
- ein nach englischer Tradition aufgebautes Gerichts-, Gesundheits- und Bildungssystem.

Diese Hinterlassenschaften waren jedoch keineswegs eine uneigennützige Wohltat. So diente das Eisenbahnnetz u. a. zum Transport der Rohstoffe zu den Exporthäfen oder von Truppen in kriegerischen Auseinandersetzungen. Schließlich wurde Indien von indischen Soldaten unter britischem Kommando erobert bzw. kontrolliert. Mithilfe des von ihnen errichteten Bildungssystems wollten die Briten in erster Linie einheimische Gehilfen für die Verwaltung und für die vielen Gerichtshöfe heranbilden. Die Gerichtsgebühren brachten dem britischen Kolonialstaat mehr Einkünfte, als der Unterhalt der Gerichte kostete. Die Lehrpläne der Bildungsinstitutionen orientierten sich an denen der britischen Schulen und Universitäten. Sie boten für junge Inder Karrieren an, z. B. als Verwaltungsangestellte, Lehrer, Rechtsanwälte oder Richter, die ihre Arbeit (anfänglich) ganz im Sinne der Kolonialherren ausübten.

4 Ziele und Strategien der indischen Wirtschaftspolitik unmittelbar nach Erlangen der Unabhängigkeit:
- schnelle und umfassende Industrialisierung des Landes, um das Land aus der Abhängigkeit von einer rückständigen Landwirtschaft zu befreien; dazu Aufbau von Grund- und Schlüsselindustrien, z.B. Eisen- und Stahlindustrie,
- Einführung planwirtschaftlicher Elemente durch Stärkung des öffentlichen Sektors und Beschneidung des Privatsektors; dazu Erstellung von Fünfjahresplänen nach sowjetischem Vorbild,
- Aufbau einer importsubstituierenden Industrie, um von Einfuhren unabhängig zu werden; in Anbetracht des großen Binnenmarktes, z.B. für Konsumgüter, durchaus eine sinnvolle Strategie,
- Erlass von Gesetzen gegen Monopole, zur Kontrolle des Außenhandels und von Devisen.

Indien ging mit seiner Wirtschaftspolitik einen „Dritten Weg", der planwirtschaftliche und marktwirtschaftliche Elemente verband.

5 Ein Charakteristikum der industriellen Standortverteilung nach der Unabhängigkeit war die einseitige Konzentration auf die großen Hafenstädte. Um die krassen regionalen Disparitäten abzubauen, förderte die Zentralregierung den Bau von integrierten Hüttenwerken in peripheren, bislang unterindustrialisierten Räumen. Als große Mammutprojekte muten sie dort wie „Kathedralen" in einem menschenleeren Raum („Wüste") an. Der Ausdruck „Kathedralen in der Wüste" ist noch in einem anderen Sinne zu verstehen. Die von ausländischen Firmen errichteten hochmodernen Hüttenwerke wirken wie Fremdkörper in einem agrarisch geprägten rückständigen Gebiet.

6 Der Text Seite 15 zeigt, dass sich die Industrie trotz der Dezentralisierungspolitik der Zentralregierung auf einige wenige besonders begünstigte Standorte konzentriert: auf die Großstädte Mumbai (Bombay), Kolkata (Kalkutta) und Chennai (Madras). An dieser Standortverteilung hat auch die Errichtung der großen integrierten Hüttenwerke, wie z. B. im Damodar-Gebiet, wenig geändert.

7 Da sich die planwirtschaftliche Politik der Autarkie und Abschottung als kontraproduktiv erwies, leitete die indische Zentralregierung 1991 einen radikalen Kurswechsel ein. Die wichtigsten Maßnahmen der neuen Wirtschaftspolitik waren:

- eine Liberalsierung für private und ausländische Investitionen in fast allen Sektoren,
- eine Lockerung der restriktiven Außenhandelspolitik, z. B. Aufhebung von Zöllen und anderen Einfuhrbeschränkungen,
- eine Öffnung des Finanzsektors für in- und ausländische Privatbanken,
- eine Vereinfachung des Steuersystems.

8 Die meisten anderen Entwicklungsländer bzw. Schwellenländer versuchten durch den Aufbau einer importsubstituierenden Industrie sowie die Massenproduktion von Grundstoff- und Konsumgütern, für deren Herstellung vornehmlich gering qualifizierte Arbeitskräfte benötigt werden, die Industrialisierung in ihrem Lande anzukurbeln bzw. auszubauen. Eine stärkere Förderung des modernen Tertiären Sektors erfolgte erst in einem späteren Schritt. Motor der industriellen Entwicklung in Indien war hingegen der Hochtechnologiesektor, der überwiegend dem Dienstleistungsbereich zuzuordnen ist.

9 Die neuen Industriestandorte konzentrieren sich vor allem auf die größeren Städte; der ländliche Raum hat hingegen kaum Anteil an den wirtschaftlichen Fortschritten. Dadurch vergrößern sich die ohnehin starken regionalen Disparitäten weiter. Am Erfolg partizipieren zudem in aller Regel nur gut ausgebildete Fachkräfte, sodass der vom IT-Sektor getragene Wirtschaftsboom auch keinen Beitrag zum Abbau der sozialen Disparitäten leistet.

10 Brain drain (wörtlich: Gehirn-Verlust): Verlust von Humankapital infolge der Emigration von Arbeitskräften. Dem Herkunftsland entstehen u.U. große volkswirtschaftliche Verluste, wenn vor allem gut ausgebildete, talentierte Fachkräfte bzw. junge und dynamische Menschen das Land verlassen. Langfristig kann aber auch das Herkunftsland profitieren, wenn z.B. die Emigranten Transferzahlungen in ihr Heimatland vornehmen oder wenn im Ausland ausgebildete Menschen wieder zurückkehren.
Brain gain (wörtlich: Gehirn-Gewinn): Gewinn von Humankapital durch den Zuzug von Arbeitskräften aus dem Ausland. Nutznießer ist in aller Regel das Aufnahmeland, da mit den Zuwanderern entweder billige und/oder gut ausgebildete Arbeitskräfte dem Markt zur Verfügung gestellt werden. Das Abwanderungsland zieht hingegen in der Regel kaum Gewinn aus den von ihm getätigten Bildungsinvestitionen.

11 Mit dem Begriff „back office" umschreibt man Tätigkeiten, die im Hintergrund einer Firma abgewickelt werden und von denen der Kunde in der Regel nichts mitbekommt. Im konkreten Falle Indiens ist damit die Tatsache gemeint, dass das Land geschäftliche Aktivitäten von ausländischen Unternehmen übernimmt, z. B. Verwaltungsarbeiten, Entwicklung von Kundensoftware, telefonische Auskunftsdienste, Kontoführungen, Schadensregulierungen von Versicherungen u. a. m.

12 Gunstfaktoren für eine weitere positive Wirtschaftsentwicklung:

- hoher Anteil der indischen Bevölkerung im erwerbsfähigen Alter,
- viele qualifizierte Arbeitskräfte,
- großer Binnenmarkt und als Folge eine große potenzielle Nachfrage nach industriellen Gütern und Dienstleistungen,
- zunehmende Integration in die Weltwirtschaft (Anteil des Außenhandels am BIP beträgt mittlerweile 40 %),
- relativ niedrige Auslandsverschuldung,
- eine auf Privateigentum beruhende Volkswirtschaft,
- gut funktionierende demokratische Systeme.

Mögliche Hemmnisse:

- krasse regionale und soziale Disparitäten,
- hohe Analphabetenquote, damit künftiger Mangel an Facharbeitern,
- Schwächen der Infrastruktur, besonders im Energie- und Verkehrsbereich),
- untergeordnete Stellung der Frau, d. h. ein großes Potenzial von Produktivkräften bleibt ungenutzt,
- starke soziale Fragmentierung,
- extrem große Armut, damit eingeschränktes Käuferpotenzial auf dem Binnenmarkt,
- starke Exportabhängigkeit der „modernen" Industrie,
- Rückstand der landwirtschaftlichen Entwicklung und fehlende Arbeitsplätze im ländlichen Raum,
- Wachstum und Wohlstand beruhen vor allem auf dem Dienstleistungssektor, während Industrie und verarbeitendes Gewerbe sich vergleichsweise nur langsam entwickeln.

Kap. 1.5 Verstädterung und Metropolisierung

1 Verstädterung umfasst verschiedene Aspekte und Prozesse.

- Quantifizierbarer, demografischer Aspekt: wachsender Anteil der in urbanen Räumen lebenden Bevölkerung (gemessen als Verstädterungsgrad) oder die Zunahme der Städtezahl in einem bestimmten Raum (gemessen in absoluten Zahlen) oder das Wachstum der Städte im Hinblick auf Bevölkerung und Fläche (gemessen in absoluten Zahlen oder in Flächeneinheiten bzw. Angaben zur Bevölkerungsdichte).
- Physiognomischer Aspekt: Anlage eines kompakten Siedlungskörpers in verschiedensten Grundrissformen mit geschlossener Bauweise in den Innenstädten und offener Bauweise in den äußeren Stadtteilen, mit dem Vorherrschen von Mehrgeschossen bis hin zum Hochhaus.

- Ausbildung und Ausbreitung städtischer Lebensformen, Haushaltsstrukturen (z. B. Singles), Konsummuster (z. B. Shopping in Malls mit einem weiten Angebot an Waren und Unterhaltungsmöglichkeiten) und Wertevorstellungen (z. B. vielfältige Formen des Zusammenlebens).

Der letztgenannte, soziologische Aspekt der Verstädterung wird auch als Urbanisierung bezeichnet.

2 In Europa und Nordamerika, also in Regionen mit entwickelten Industrie- und Dienstleistungsgesellschaften, hat der Verstädterungsprozess bereits ein hohes Niveau erreicht, sodass nur noch geringe Zuwachsraten zu verzeichnen sind.
In Afrika und Asien, also in Regionen mit Entwicklungs- und Schwellenländern, ist dagegen der Verstädterungsgrad im Durchschnitt noch relativ niedrig. Hier setzt der Verstädterungsprozess in immer stärkerem Maße ein.
Je höher der sozioökonomische Entwicklungsstand, desto weiter fortgeschritten ist also der Verstädterungsprozess und je schwächer seine aktuelle Dynamik.

3 Die Auswertung der Tabelle 13 ergibt folgende Grundzüge der Entwicklung:
Da der Verstädterungsprozess in den entwickelten Staaten bereits ein hohes Niveau erreicht hat, schwächt er sich hier stark ab.
In den Entwicklungsländern Afrikas und Asiens dagegen ist ein sehr starkes Anwachsen der Stadtbevölkerung erkennbar. „Hier wird sich die Zahl der Stadtbewohner in den nächsten 30 Jahren voraussichtlich verdoppeln, von jetzt zwei auf vier Milliarden Menschen“ (Zitat aus dem Autorentext S. 18).

4 Die Auswertung der Tabelle 13 ergibt für Südasien folgenden Befund:

- Südasien als Ganzes weist mit 32 % noch einen sehr geringen Verstädterungsgrad auf; die Verstädterungsrate ist mit 2,4 % aber die höchste im gesamten asiatischen Raum.
- Die Staaten Nepal, Bangladesch und Indien sind nicht nur im weltweiten, sondern auch im südasiatischen Vergleich in sehr geringem Maße verstädtert; der weitaus überwiegende Teil der Bevölkerung lebt noch in ländlichen Räumen.
- Ähnliches gilt, wenn auch nicht in derart ausgeprägtem Maße, für Bhutan, Pakistan und die Malediven.
- Indien weist zwar im Vergleich mit ganz Asien oder Südasien nur eine durchschnittliche Verstädterungsrate auf; berücksichtigt man bei dem Wert von 2,3 % aber auch die Gesamtbevölkerungszahl, dann wird die ungeheure Dimension beim Wachstum der Städte in diesem Land deutlich.
- Die übrigen Staaten Südasiens weisen sehr hohe Verstädterungsraten auf; hier hat der Verstädterungsprozess mit sehr starker Dynamik eingesetzt.

5 Das Wachstum der Stadtbevölkerung lässt sich auf drei Ursachen zurückführen. Global gesehen muss an erster Stelle noch immer das „natürliche“ Wachstum aufgrund der Geburtenüberschüsse genannt werden. Hinzukommen die städtischen Nettogewinne durch Zuwanderungen aus dem ländlichen Raum. Außerdem erhöht sich die Zahl der urbanen Bevölkerung durch die Einstufung vormals ländlicher Siedlungen in den Rang einer Stadt.

6 Die weitaus meisten und auch größten Megastädte bzw. Metropolen (> 10 Mio. Ew.) befinden sich in Süd- und Südostasien, also in Räumen mit einer auch aktuell stark wachsenden städtischen Bevölkerung (Quellentext 14, Karte 15). Afrika als der Kontinent mit der gegenwärtig höchsten Verstädterungsrate weist dagegen erst wenige Megastädte auf. Hier ragen Lagos und Kairo hervor.
In Nord- und Südamerika gibt es jeweils nur drei Megastädte, die die 10-Millionengrenze überschritten haben. Noch weniger Megastädte weist Europa auf, wo die Megalopolis Rhein-Ruhr hervorsticht. In Australien hat überhaupt noch keine Großstadt den Rang einer Megastadt bzw. Metropole erreicht.

7 Obwohl der Verstädterungsgrad in Südasien insgesamt noch sehr gering ist, weist die Region eine beträchtliche Anzahl von Megastädten auf. Das gilt in besonderem Maße für Indien, aber auch für Pakistan oder Bangladesch. Die Urbanisierung konzentriert sich also auf einige wenige Metropolen.

8 Es lassen sich folgende Ursachenkomplexe anführen:

- allgemeine globale Urbanisierung als Folge des „natürlichen“ Eigenwachstums der Städte und der Land-Stadt-Wanderungen (Quellentext 14),
- Übergang zur Marktwirtschaft in vielen asiatischen Staaten mit einer ungeheuren Entfaltung megaurbaner Ökonomien und demzufolge einer beschleunigten nationalen und vor allem internationalen Zuwanderung in die Megastädte,
- privatwirtschaftliche Entscheidungen zur Verlagerung von Produktions-, Dienstleistungs- und Finanzstandorten in Metropolen der Entwicklungs- und Schwellenländer mit entsprechender Sogwirkung für Arbeitskräfte aller Qualifikationsstufen.

9 Die Erläuterung kann zum Beispiel von dem Begriff der Primacy ausgehen, mit dem wesentliche Merkmale und Probleme der Metropolisierung erfasst werden.
Die demografische Primacy bezeichnet den hohen und rasch zunehmenden Anteil der Bevölkerung in einer Metropole. In Industrieländern ist heute infolge des Suburbanisierungsprozesses eine Stagnation der Bevölkerung und damit ein Rückgang der demografischen Primacy vieler Metropolen festzustellen. In den Metropolen der Entwicklungsländer dagegen geht der Verdichtungsprozess unvermindert weiter. Eine der Folgeerscheinungen ist die zunehmende Margina-

lisierung großer Teile der metropolitanen Bevölkerung und ihrer Wohngebiete.
Die funktionale Primacy kennzeichnet zusätzlich zur demografischen Primacy das Übergewicht der Metropolen im wirtschaftlichen, politisch-administrativen, sozialen und kulturellen Bereich. Es ist vor allem die funktionale Primacy, die die Sogwirkung der Metropolen und damit die Landflucht in den Entwicklungsländern auslöst und somit die demografische Primacy immer weiter verstärkt – mit den Folgeproblemen einer infrastrukturellen Überforderung der Metropole bei gleichzeitiger Auszehrung des ländlichen Raumes.

10 Auf der Grundlage der gewonnenen Kenntnisse und Einsichten soll abschließend der Verstädterungsprozess bewertet werden. Die Gegenüberstellung von Für- und Wider-Argumenten soll zu einem begründeten persönlichen Urteil führen. Dabei können u. a. die folgenden Aspekte berücksichtigt werden.
Städtische Räume bieten
- hohe Effizienz und Synergieeffekte bei der gemeinsamen Nutzung von Infrastrukturen,
- Fühlungs- und Agglomerationsvorteile sowie einen großen Markt für investierende Unternehmen,
- eine Vielfalt an Arbeitsplätzen,
- vor allem in Entwicklungsländern einen ausgeprägten informellen Sektor als Existenzgrundlage für ländliche Zuwanderer,
- Grundlagen für Demokratisierungs- und Emanzipationsprozesse (z. B. Chancen für eine Verbesserung der Rolle und Situation von Frauen in Entwicklungsländern),
- insgesamt ihren Bürgern und ihrem Umland auch äußerst attraktive Möglichkeiten in den Bereichen Wirtschaft, Konsum, Bildung, Kultur, Freizeit und Unterhaltung.

Folgen eines übermäßigen Städtewachstums können sein
- Auszehrung der peripheren ländlichen Räume,
- Überlastung der urbanen Zentren mit einer Überforderung der städtischen Infrastruktur in nahezu allen Bereichen,
- Marginalisierung großer Bevölkerungsteile mit entsprechenden Folgen wie Zunahme von Kriminalität, politischer Radikalisierung, Instabilität der staatlichen Ordnung,
- Übernutzung der natürlichen Ressourcen in den städtischen Räumen und deren Umland,
- Gefährdung und Zerstörung von Ökosystemen.

Kap. 1.6 Globalisierung – Chance für Südasien?

1 Globalisierung ist ein Prozess
- dessen zentrales und steuerndes Element eine zunehmende weltweite Wirtschaftsverflechtung und Ausweitung des Welthandels ist,
- der zu einer zunehmenden internationalen Arbeitsteilung und Spezialisierung führt,
- woraus sich weltweite politische Abhängigkeiten ergeben (z. B. bei der Notwendigkeit einer gemeinsamen Sicherung wirtschaftlich bedeutsamer Rohstoffquellen wie Erdöl oder allgemein der Zwang gemeinsamer Friedenssicherung, um den Warenaustausch nicht zu gefährden),
- in dessen Verlauf die Nationalstaaten als traditionelle Steuerungselemente der Außenpolitik an Einfluss verlieren (z. B. gegenüber transnationalen Konzernen und deren größerer Wirtschaftsmacht).

2 Nach der im Quellentext 16 vertretenen Wirtschaftsauffassung sollen sich höher entwickelte Volkswirtschaften wie die der Bundesrepublik Deutschland auf die Herstellung von kapital-, forschungs- und wissensintensiven Gütern spezialisieren. Durch diese Spezialisierung können sie in den genannten Bereichen konkurrenzfähige Produkte entwickeln und anbieten. Folgerichtig exportiert Deutschland vor allem Investitionsgüter wie Maschinen, Fahrzeuge und Geräte gewinnbringend nach Indien. Umgekehrt konzentriert sich Indien auf die Erzeugung und den Export arbeitsintensiver Produkte wie Bekleidung, Garne, Gewebe und Spinnstofferzeugnisse. Das Land hat allerdings auch bereits bei der Herstellung von Investitionsgütern ein gewisses Know-how erworben und exportiert elektrische Maschinen und Geräte sowie Straßenfahrzeuge.

3 Die „Stärke des Handelspartners" Indien, von der Deutschland profitiert, liegt sicher in dem dynamischen Wachstum dieser Volkswirtschaft in den letzten Jahren und in dem großen Markt, den dieses Land bietet. Die Steigerung der deutschen Warenexporte nach Indien seit 2000 „auf zuletzt 9,3 Milliarden Euro" haben auch zum Wachstum der deutschen Wirtschaft beigetragen, beruht deren Dynamik doch zu einem beträchtlichen Teil auf dem Außenhandelsüberschuss.
Indien als emporstrebendes Schwellenland mit einem hohen Bedarf an Investitionsgütern profitiert wiederum von entsprechenden deutschen Lieferungen. Diese können aber nur zum Teil mit den Exporten von vorwiegend Konsumgütern bezahlt werden, denn insgesamt ergibt sich für Indien gegenüber Deutschland ein Defizit in der Handelsbilanz.

4 Es können u. a. folgende von den Unternehmen erwartete Vorteile oder Motive angeführt werden:
- Erschließung von Märkten durch die Produktion „im Markt",
- Steigerung von Umsatz und Gewinn,
- Umgehung eventuell bestehender tarifärer oder nichttarifärer Einfuhrbeschränkungen durch die Produktion vor Ort,
- Erfüllung möglicher „local-content"-Bestimmungen,
- Ausnutzung günstiger Produktionsbedingungen (z. B. niedrige Bodenpreise oder Lohn- und Lohnnebenkosten, geringere Umweltschutzauflagen, evtl. Subventionen),

- Erschließung von Rohstoffquellen zur Sicherung der Versorgung mit (günstig einzukaufenden) natürlichen Ressourcen,
- Nutzung ausländischer Wissensquellen (z. B. Facharbeiter, Forschungsergebnisse).

5 Es können u.a. folgende Strukturen, Zusammenhänge oder Probleme beschrieben oder verdeutlicht werden:
- Schwierigkeiten bei der Gewinnung qualifizierter Mitarbeiter aus dem Stammland des Konzerns für den Dienst im Ausland bei entsprechend hoher Bezahlung,
- Probleme bei der Rekrutierung qualifizierter Arbeitskräfte vor Ort,
- je nach Standort und Absatzgebiet u. U. lange Transportwege für die Belieferung der Kunden,
- Unsicherheit der Investitionen (politische Labilität, Gefährdung des sozialen Friedens, Kriminalität),
- Verlust des Patentschutzes.

6 Im Autorentext S. 22 werden mögliche positive Effekte ausländischer Direktinvestitionen für das Empfängerland genannt. Ihnen lassen sich u.a. folgende mögliche negative Auswirkungen gegenüberstellen:
- Versuche des Investors, sich nationalen Kontrollen zu entziehen,
- Verdrängung inländischer Unternehmen der gleichen Branche wegen deren geringerer Produktivität,
- kapitalintensive Investitionen mit nur geringem Arbeitsplatzeffekt,
- u. U. Zwang zu kostspieligen Vorleistungen (z. B. bei Verkehrsinfrastruktur),
- Abfluss der Gewinne ins Mutterland, kaum Reinvestitionen,
- Entstehen ungünstiger Monostrukturen.

7 Im Quellentext 19 werden zunächst beeindruckende Informationen zum wirtschaftlichen „Wachstum" in Indien vorgestellt. Hierzu gehören jährliche Steigerungsraten des BIP von 8–10 %, das Aufblühen bestimmter Städte (Hyderabad; Bangalore) auf der Basis moderner Technologieproduktionen, das Ansteigen der Zahl indischer Milliardäre, die Herausbildung einer wohlhabenden, jungen Mittelschicht, ein „bemerkenswerter Optimismus" bei den wirtschaftlichen Eliten. Insgesamt entsteht das Bild einer aufstrebenden Volkswirtschaft eines Schwellenlandes.
Diese ökokomischen Erfolge werden allerdings erkauft mit einer erschreckend hohen Zahl von Armen, einer zunehmenden Kluft zwischen verarmten Schichten in städtischen Slums und Superreichen in urbanen Exklusivvierteln, ausbeuterischen Arbeitsbedingungen, niedrigen Löhnen und Sozialstandards, Beschneidung des Einflusses von Gewerkschaften, Anwachsen des informellen Sektors und gewaltigen ökologischen Problemen. Der „Preis" für das ökonomische Wachstum ist also hoch und er birgt sozialen und politischen Zündstoff. Es drohen Auseinandersetzungen, politische Instabilitäten, Fundamentalismus und Radikalisierung, auch zunehmende Kriminalität.

8 In Südasien und insbesondere auch in Indien hat der Anteil der Bevölkerung, dem pro Tag und Kopf weniger als 2 US-Dollar (von der Weltbank definierte Armutsgrenze) zur Verfügung steht, um ca. 11–12 Prozentpunkte abgenommen. Vordergründig scheint das ein positives Ergebnis des im Zuge der Globalisierung erreichten wirtschaftlichen Wachstums zu sein. Ein Blick auf die absoluten Zahlen aber zeigt, dass im gleichen Zeitraum die Anzahl der Personen, die in „Armutshaushalten" lebt, sowohl in Südasien als Ganzes wie auch in Indien deutlich angestiegen ist.
In der Region „Ostasien und Pazifik" dagegen ist der prozentuale Anteil der Armen im Beobachtungszeitraum um ca. 54 Prozentpunkte zurückgegangen. Auch bei den absoluten Zahlen ist eine deutliche Abnahme um ca. 550 Mio. Menschen erkennbar.

9 Eine wichtige Erkenntnis aus dem Unterricht besteht darin, dass es insbesondere im Bereich der Entwicklungsländerproblematik keine monokausalen Zusammenhänge gibt. Somit kann die These nicht stimmig sein. Fortschritt und Entwicklung hängen nicht nur von externen, sondern auch von internen Faktoren ab. Hierzu gehören u.a. die vorhandenen Ressourcen, die Raumausstattung, die politischen Verhältnisse und das Verantwortungsbewusstsein der Eliten.
Trotzdem besteht ein gewisser Zusammenhang zwischen ausländischen Direktinvestitionen und Entwicklungschancen. Kapitalzufluss aus dem Ausland kann die Entwicklung eines Landes positiv beeinflussen, z. B. in den Bereichen Beschäftigung und Ausbildung, beim Ausbau der Infrastruktur, bei der Steigerung der Wirtschaftsleistung oder bei der Partizipation an der globalen Entwicklung. Andererseits können sich aber auch negative Effekte einstellen, wie sie bei Aufgabe 6 angesprochen wurden.
Zusammenfassend lässt sich sagen: Die These „Ohne ausländische Direktinvestitionen kein Fortschritt!" ist unzulässig einseitig. Zustimmen könnte man aber der Behauptung „ausländische Direktinvestitionen können Entwicklungschancen verbessern."

10 Das Beispiel Indien zeigt auf eindrucksvolle Weise, dass es bei dem im Zuge des Globalisierungsprozesses ausgelösten Wirtschaftswachstum in einem Land Gewinner und Verlierer gibt. Der Staat als Ganzes gewinnt mit zunehmender Wirtschafts-, Steuer- und Finanzkraft an politischem Gewicht in der internationalen Politik. Die wirtschaftlichen und gesellschaftlichen Eliten vergrößern ihren Wohlstand und Einfluss. Es entsteht eine aufstrebende Mittelschicht aus Technokraten, Facharbeitern, Bankangestellten und höheren Beamten. Aber die eindeutigen Verlierer sind die marginalisierten Unterschichten und ausgebeuteten Arbeitskräfte. Die wachsende soziale Kluft kann zu sozialen Spannungen mit allen gesellschaftlichen Folgen und Bedrohungen führen.

Kap. 1.7 Die südasiatischen Länder im Überblick

1 Die in der Tabelle aufgelisteten Daten rechtfertigen die Zuordnung aller sieben südasiatischen Staaten zur Gruppe der Entwicklungsländer. Dagegen spricht auch nicht die Tatsache, dass die Wirtschaftslage in Indien als positiv eingestuft wird und das Land zu den so genannten BRIC-Staaten (Brasilien, Russland, Indien, China) gehört, die nach Ansicht von Experten in absehbarer Zukunft weltweit führend sein werden, was das Wirtschaftswachstum und Kursgewinne an den Börsen anbetrifft. Schließlich sind es die Menschen, die unter Armut und Not leiden, und nicht das Gebilde Staat.

2 Reihenfolge nach dem HDI:
Sri Lanka, Malediven, Indien, Pakistan, Bangladesch, Nepal, Buthan.
Alle Länder rangieren in der unteren Hälfte der Liste der Staaten der Erde und damit noch hinter einer Reihe afrikanischer Länder. Diese Position wird durch die meisten anderen Indikatoren gestützt (vgl. Tabelle 12). Dies verwundert insofern nicht, als sich der HDI aus verschiedenen Indikatoren zusammensetzt: Kaufkraft der Bevölkerung (gemessen am BNE pro Einwohner), Bildungsstand (Anzahl der Schuljahre, die ein 25-Jähriger absolviert und Dauer der Ausbildung eines 50-Jährigen während seines Lebens) und Lebenserwartung bei der Geburt.

3 Mögliche Fragen/Stichpunkte für die Diskussion:
- Was heißt eigentlich „Entwicklung“ bzw. „Unterentwicklung“?
- Wie lässt sich der Entwicklungstand eines Landes messen?
- Welche Indikatoren sind heranzuziehen?
- Welche Aussagekraft haben diese Indikatoren?
- Wofür stehen sie überhaupt?
- Welche ursächlichen Zusammenhänge bestehen zwischen den einzelnen Indikatoren/Merkmalen?

Kapitelübergreifend

Alle Aussagen sind falsch.

a) Mit dem Begriff „Niederschlagsvariabilität“ werden die Schwankungen der Niederschläge bezeichnet. Sie können in der Menge von Jahr zu Jahr sowie in der Regenzeit selbst z. T. erheblich vom Mittelwert abweichen; auch der Termin des Einsetzens und des Rückzugs des Monsuns kann stark differieren.

b) Unzulängliche Vereinfachung; zur Erklärung müssen neben naturgeographischen, anthropogeographische, historische, politische und kulturelle Gründe herangezogen werden, z. B. Erbe der Kolonialzeit, entwicklungshemmende Wirkungen von Tradition, Religion und Kastenwesen, Politik der Regierung etc.

c) Der Verstädterungsgrad der südasiatischen Länder liegt deutlich unter dem der meisten anderen Entwicklungsländer.

d) Der Rückgang der Fruchtbarkeitsrate auf ein Niveau unter dem Reproduktionsniveau hat noch keine Stagnation der Bevölkerung zufolge; aufgrund des hohen Anteils der jungen Bevölkerung wird die Bevölkerungszahl noch eine Zeit lang weiter wachsen.

e) In dieser Aussage werden die Begriffe „varna“ für die vier Stände (Brahmanen, Kshatriyas, Vaihyas, Shudras) und „jati“ für die zahllosen Kasten verwechselt; zudem gibt es noch zahlreiche andere Bevölkerungsgruppen wie die Dalits, die von Kastenhindus als unrein angesehen werden, sowie die Nicht-Hindus (ca. 18 % der Bevölkerung), die im Varna-Schema keine Berücksichtigung finden.

f) Die Bezeichnung „Dienstleistungsgesellschaft“ trifft insofern auf die südasiatischen Länder nicht zu, da nach wie vor der überwiegende Teil der Bevölkerung auf dem Land bzw. von der Landwirtschaft lebt – auch wenn der Primäre Sektor inzwischen nicht mehr den größten Anteil am Gesamt-BIP ausmacht.

g) Trotz negativer Begleiterscheinungen muss die Grüne Revolution als ein Erfolg gewertet werden, da mit ihr die landwirtschaftliche Produktion und damit die Versorgung der Bevölkerung mit Grundnahrungsmitteln erheblich gesteigert werden konnten.

h) Dies gilt nicht für alle Länder; so spielt die Eisen- und Stahlindustrie in Bangladesch, Nepal, Sri Lanka, Bhutan und auf den Malediven so gut wie keine Rolle.

i) Südasien ist eine Region mit einem noch sehr geringen Verstädterungsgrad. Sie weist aber – insbesondere in Indien – eine große Anzahl von Megastädten auf. Der gegenwärtige dynamische Verstädterungsprozess konzentriert sich also auf einige wenige Megapolen.

j) Ursache der Megapolisierung in Südasien ist neben dem „natürlichen“ Eigenwachstum der Städte vor allem die Zuwanderung, ausgelöst durch privatwirtschaftliche Standortentscheidungen zugunsten der Metropolen.

k) Zweifellos profitieren Global Player von ihren ausländischen Direktinvestitionen, wenn diese auch mit Risiken (z. B. politische Instabilitäten, Verlust des Patentschutzes) verbunden sind. Nutznießer sind aber auch die Unternehmen in den Empfängerländern, die einheimischen Kapitaleigner, die Eliten, Mittelschichten und Fachkräfte.

l) Der Anteil der Armen in Indien hat sich in den letzten drei Jahrzehnten nur prozentual etwas verringert. In absoluten Zahlen gemessen ist die Armut sogar größer geworden.

3 Wenden Sie Ihr Wissen an – eine Klausur zum Üben

Thema: Mumbai – Megacity der Gegensätze

Aufgaben

1 Beschreiben Sie Lage und Entwicklung der Stadt Mumbai.

2 Charakterisieren Sie die wirtschaftliche und soziale Situation der Stadt und ihrer Bevölkerung.

3 Erörtern Sie Probleme und mögliche Auswirkungen der von Ihnen in Aufgabe 1 und 2 erarbeiteten Ergebnisse.

Material

1 Lage und frühe Entwicklung von Mumbai

„Die Stadt Mumbai (früher Bombay) liegt auf einer 69 km² großen, 18 km langen und im Mittelteil 5 km breiten Insel, die im 17. Jh. durch Aufschüttungen im Bereich von ehemals sieben kleinen Inseln geschaffen wurde. Mit der nördlich anschließenden Insel Salsette und dem Festland ist Mumbai Island durch Straßen und Bahndämme sowie eine Brücke verbunden. Mumbai Islands („Mumbai City") und die Suburbs auf Salsette bilden zusammen den statistischen Distrikt „Greater Mumbai".

Wegen seines ungesunden Klimas und seiner Höhenlage – ungefähr ein Viertel von Mumbai Island liegt unter dem Meeresniveau, sodass bei heftigen Monsunregen das Meereswasser weit in die tiefer gelegenen Stadtteile eindringt – blieb Mumbai lange eine unbedeutende Stadt. Der Aufschwung begann mit der Erschließung der Baumwollzonen im Dekkan für die Textilindustrie in Lancashire (England) Anfang des 19. Jahrhunderts. Im Gefolge des Amerikanischen Bürgerkrieges (1861–1865) wurde Mumbai Hauptsitz des Baumwollhandels (Börse) und der Baumwollindustrie mit großen Spinnereien und Webereien im Norden der Stadt."

Nach Dirk Bronger und Norbert von der Ruhren: Indien. Länder und Regionen. Stuttgart: Ernst Klett Verlag 1986, S. 104, geringfügig geändert

2 Einwohnerentwicklung Mumbais

Nach http://de.wikipedia.org/wiki/Mumbai

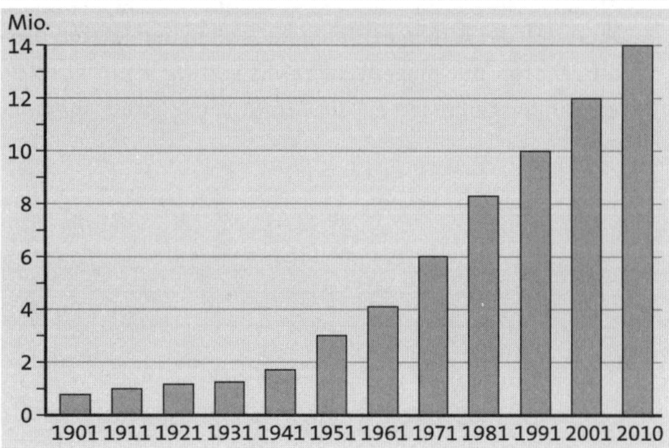

3 Räumliche Entwicklung von Mumbai

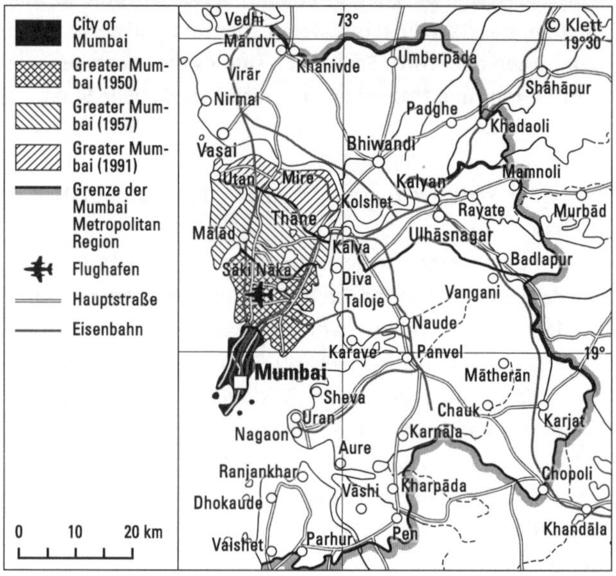

4 Bevölkerungsdichte

„Die Bevölkerungsdichte in Mumbai erreicht Werte, die in kaum einer Agglomeration in Europa erzielt werden. In der Stadt leben 31 807 Menschen auf einem Quadratkilometer (2009), in Berlin sind es zum Vergleich 3 800. In Europa kommt Paris mit 20 290 Einwohnern pro Quadratkilometer Mumbai am nächsten. Der Stadtteil Marine Lines erreicht mit 114 001 Einwohnern pro Quadratkilometer (Volkszählung 2001) den Spitzenwert und damit eine der höchsten Wohndichten der Welt."

http://de.wikipedia.org/wiki/Mumbai

5 Wirtschaftsmetropole Mumbai

„Mumbai ist *die* indische Wirtschaftshauptstadt – übertragen: Indiens New York. Hier sind nicht nur die mit Abstand meisten indischen wie ausländischen Unternehmen angesiedelt, sondern ist auch die Finanzindustrie des Subkontinents beheimatet. Folge ist, dass a) die Wirtschaftskraft Mumbais am höchsten in Indien ist, b) Mumbai eindeutig das funktionale Zentrum Indiens ist und c) auch der Entwicklungsstand in praktisch allen Bereichen überdurchschnittlich gut ist, nicht nur der Wirtschaft, der Finanzen oder der Infrastruktur, sondern ebenso bei der Bildung (Bildungseinrichtungen, Lesefähigkeit etc.) und Gesundheit (Versorgung)."

Johannes Wamser: Bombay/Mumbai – Indiens Wirtschaftsmetropole zwischen Aufschwung und Armut. In: Dirk Bronger (Hrsg.): Marginalsiedlungen in Megastädten Asiens. Münster: Lit 2007, S. 227

6 Funktionale Primatstellung Mumbais in Indien

Johannes Wamser: a.a.O., S. 228 (ergänzt und z.T. aktualisiert)

	Mumbai Metropolitan Area	Indien	Index a) Anteil Mumbai an Indien (%) b) Indien = 100
Einwohner (Mio., 2010)	18,2	1139,9	a) 1,6 %
Pro-Kopf-Einkommen (Rupien, 2002–2003)	45 471	14 712	b) 309
Haushalte mit Einkommen > 86 000 Rupien pro Jahr (1999)	47	4	b) 1382
Telefonanschlüsse pro 1 000 Einwohner (%, 1999)	14,0	2,7	b) 519
Krankenhausbetten pro 1 000 Einwohner (1998)	4,2	0,7	b) 600
Marginalbevölkerung in der Agglomeration (Mio., 2001)	5,86	61,83	a) 9,5 %
– Anteil an der urbanen Bevölkerung (%)	34,3	21,3	b) 161
Top 100 indische Unternehmen (2001)	43	100	a) 43 %
Hauptsitze von indischen Banken (2001)	48	95	a) 50,5 %
Steueraufkommen (Unternehmenssteuer, Mio. Rupien, 2002–2003)	193 418	462 519	a) 41,8 %

Anmerkung: Jeweils letzte verfügbare offizielle Daten (z. T. Volkszählung, 2001)

7 Pavement dwellers in Mumbai – Leben auf der Straße
Eine Decke, quer über den Gehweg gespannt, grenzt das „Zuhause" einer Familie ab.

8 Gated Community in Mumbai – Wohlstandsenklave der Reichen
Der Zugang ist nur mit elektronischer Kennkarte möglich.

9 Mumbai – Stadt der Gegensätze

„In Mumbai leben nicht nur die meisten Millionäre und Milliardäre Indiens, die berühmtesten ‚Bollywood'-Schauspieler und die aufstrebendsten Manager, sondern auch die meisten Slumbewohner, nach Schätzungen ca. 6 bis 8 Mio. der insgesamt 14 Mio. Einwohner. Diese Menschen teilen sich gerade einmal ein Zehntel der zur Verfügung stehenden Stadtfläche. Der Zuzug von Lande und anderen indischen Städten nach Mumbai scheint ungebrochen. Hinzu kommt eine deutlich über dem Durchschnitt liegende Geburtenrate in den bereits existierenden Marginalsiedlungen. Das Ergebnis: Das Bevölkerungswachstum übersteigt die Aufnahmefähigkeit der Stadt nicht nur beim Wohnraum, sondern auch bei den Arbeitsplätzen und der Infrastruktur. Die Elendssiedlungen wachsen unaufhaltbar, das gesamte Stadtgebiet wird von Marginalsiedlungen durchzogen, jede noch so kleine freie Fläche, in den Sumpfgebieten, unter den Brücken, auf den Gehwegen wird besetzt.
Den bis zu 1500 Marginalsiedlungen stehen luxuriöse Wohngebiete, wie z. B. Malabar Hill oder Breach Candy, Megamalls und Multiplexkinos gegenüber, die zu den teuersten der Welt gehören. Hinzu kommen zahlreiche neue Stadtteile, die Gated Communities. Das sind hermetisch von der Außenwelt abgeschottete Enklaven mit luxuriösen Villen, eigenen Shoppingcentern, Privatkliniken und Privatschulen, Swimmingpools, Parks und künstlichen Wäldern. Diese Viertel der Reichen haben mit dem Rest Mumbais nicht viel gemeinsam; sie existieren quasi als eigene Lebenswelt nebenher."

Arno Kreus und Norbert von der Ruhren (2008): Marginalsiedlungen – Spiegelbilder einer fragmentierten Gesellschaft. In: KlettMagazin Terrasse 2. Hj. 2008. Stuttgart: Klett, S. 8

10 Anteil der Slumbevölkerung an der Gesamtbevölkerung (2007)

http://web.archive.org/web/20070808122111/www.censusindia.net/results/slum/slum2.htm

	Gesamtbevölkerung	Slumbewohner	Anteil der Slumbewohner an der Gesamtbevölkerung (%)
Greater Mumbai	11978450	6475440	54,1
Delhi	9879172	1851231	18,7
Kolkata	4572876	1485309	32,5
Chennai	4343645	819873	18,9
Bangalore	4301326	430501	10,0

11 Anteil der Slumbewohner im Ballungsraum Mumbai

Nach http://censusindia.gov.in/maps/Town_maps/Mum_%25_slum%20pop.html

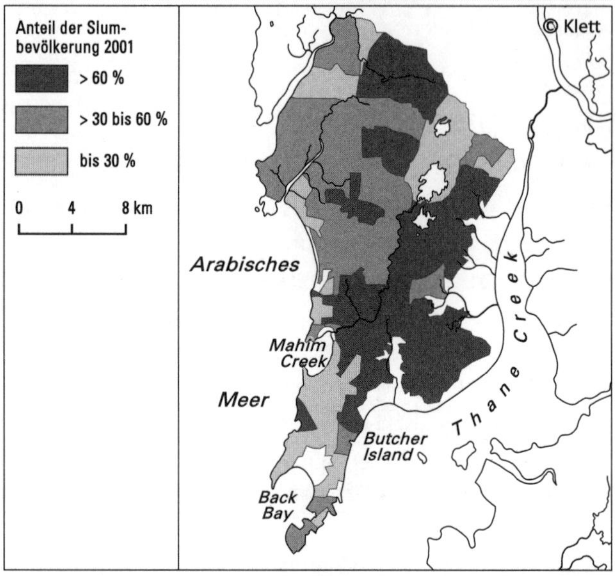

12 Mumbai bietet größtes Elendsviertel Asiens zum Kauf an.

„Für 2,3 Milliarden US-Dollar will die Stadt das insgesamt 214 Hektar große Areal ‚Dharavi' verkaufen ... In dem bisherigen Elendsviertel soll nach den Wünschen der Stadt ein Immobilienkomplex entstehen, der Appartements und Büros umfasst. Der Verkauf wurde als ‚Chance des Jahrhunderts' bezeichnet. Bei den Bewohnern stößt das Projekt auf Widerstand. Etwa 57000 Dharavi-Familien, rund 300000 Menschen, müssen kostenlos in Einzimmerwohnungen umgesiedelt werden ...
Im Gegensatz zu anderen Elendsvierteln liegt der Dharavi-Slum mitten in der Stadt, er ist genauso alt wie Mumbai selbst."

sam/dpa-AFX vom 30.05.2007; unter: www.spiegel.de/wirtschaft/0,1518,485729,00.html